防疫建筑规划设计指南

—陈　加　陈　雄　郝晓赛　罗振城　主编—

中国建筑工业出版社

图书在版编目（CIP）数据

防疫建筑规划设计指南 / 陈加等主编. — 北京：中国建筑工业出版社，2021.3

ISBN 978-7-112-25999-1

Ⅰ.①防… Ⅱ.①陈… Ⅲ.①卫生防疫—城市规划—建筑设计 Ⅳ.①TU984

中国版本图书馆CIP数据核字（2021）第047727号

责任编辑：率　琦
责任校对：党　蕾

防疫建筑规划设计指南

陈　加　陈　雄　郝晓赛　罗振城　主编

*

中国建筑工业出版社出版、发行（北京海淀三里河路9号）
各地新华书店、建筑书店经销
北京点击世代文化传媒有限公司制版
临西县阅读时光印刷有限公司印刷

*

开本：787毫米×960毫米　1/16　印张：11　字数：172千字
2021年3月第一版　2021年3月第一次印刷
定价：**128.00**元

ISBN 978-7-112-25999-1
（37088）

编委会

目　录

导 语

写作背景

2020年爆发的新型冠状病毒肺炎（简称“新冠肺炎”，英文名为COVID-19）疫情的全球大流行，使各国出现了不同程度的公共生活停摆，全球各行各业均受到了不同程度的影响。疫情的扩散给全球带来了重大的经济和社会损失，极大地挑战了现有的公共医疗、疾控、政府体系，并威胁着人类的身心健康。

本书致力于解决的问题

中国上下倾举国之力抗击新冠肺炎疫情并取得了显著成果，然而新冠疫情放大了中国既有的城市发展问题，以及住宅、公共建筑设计上的不足，污水管道设计管理不完善等城市规划、建筑设计方面的短板。此次全球化的公共卫生事件在一定程度上改变了城市、建筑空间及其使用者之间的关系，进一步促使我们意识到人类社会与传染病病毒是长期共存的，防控和抗击病毒疫情将会成为一场旷日持久的战役，同时也提供了一个审视、反思和探寻新冠肺炎疫情后中国建筑设计行业如何改革发展的机会。本建筑规划设计指南涵盖了规划、建筑、建筑给水排水系统、暖通等各领域的专家，他们推断疫情后城市建筑设计的需求变化，各自提出对中国建筑未来发展具有针对性的有效建议，提倡韧性城市与健康绿色建筑概念，在建筑行业设计领域切实引入并运用智能数字技术，以利于中国城市和建筑设计行业的可持续健康发展。

第 1 章　规划专业

1.1　对疫情放大现有城市规划问题的反思

一、疫情传播视角下的城市空间结构问题

18 世纪中叶，随着工业革命的爆发，大量农民进入城市聚集。在经济繁荣的同时，贫民窟的出现、基础设施的缺乏、城市环境的恶化导致了各种传染病在世界范围内传播，严峻的公共健康问题催生了现代城市规划。历史上许多经典的城市模型实际上都是对城市公共卫生问题的响应，例如霍华德提出的“田园城市”理论和 20 世纪初期的田园城市运动。

新冠肺炎以及 2003 年重症急性呼吸综合征（即传染性非典型肺炎，简称“非典”，英文名为 SARS）的爆发具有一个相同点，均爆发于人口稠密的特大城市。而此次新冠肺炎的易传播性凸显了特大城市人口规模以及资源空间过度聚集带来的负面效应。本次疫情在中国的爆发地武汉市的户籍人口 906 万，常住人口 1121 万，庞大的城市规模和人口密度为疫情的扩散提供了温床，而华南海鲜批发市场距离汉口火车站仅 600m，周边商场、超市、学校等公共设施聚集，又恰逢春运，加速了疫情的扩散。

资源要素的高度聚集带来的人口流动一方面增加了城市的通勤交通压力，另一方面在疫情发生时，会进一步加剧病毒的传播，同时增加疫情的防控难度。在后疫情时代，如何处理好城市人口规模与城市空间结构的相适应性，如何处理好集中与分散的关系，如何合理地组织城市各功能分区，如何在疫情爆发时有效地组织区域隔离防控，这些都是未来城市规划设计需要重点考虑的关键问题。

二、公共服务设施供给的合理性问题

当新冠肺炎疫情发生时，城市公共服务设施的供给所暴露出的问题主要集中在两个方面。

首先是医疗设施体系的不健全。此次抗疫进程是对各国各地公共医疗水平和应急管理能力的一次全面检测。从城市规划角度看，各大城市公共医疗资源不足与结构失衡逐渐浮现，公共医疗资源中心化、过度倚重中心城区大型医院等，也让医疗服务无法满足突发事件、新开发区以及人口持续流入的需求。大量的病患聚集在区域型医院，导致医疗系统承压，同时也增加了疫情感染的风险，而社区医院等基层医疗设施无法发挥出压力分担的作用。

其次是中小社区单元内公共服务设施供给不足的问题。在疫情防控阶段，缩小隔离单元进行疫情防控是最有效的防控措施，15 分钟生活圈配套服务设施体系的构建尤为重要。目前许多地区往往无法在社区单元范围内满足居民生活所需的配套服务需求，导致区域间不必要的人口流动，增加了疫情传播的风险。造成这一结果的原因有很多，包括管理单元与社区治理规模的不匹配、配套设施设置标准与日益紧张的土地资源之间的矛盾等。如何构建完善的 15 分钟生活圈配套设施体系，将会是疫情发生时城市韧性体现的重要保障。

三、日益增长的土地开发强度与人居环境之间的矛盾

经过住房制度的改革、房地产市场的发展、土地财政的推动，如今许多一线城市居住用地容积率已经超过 4.0，甚至更高，深圳的城市更新项目居住地块容积率甚至高于 10，120m、150m 的高层住宅也成为现实。实际上，高层住宅的发展模式导致了诸多城市问题，比如消防问题、高度集中的人口密度问题、垂直交通封闭空间导致的疫情传播问题、人均户外活动空间面积偏低的问题等。

纵观全球发达国家城市，极少在城市中心区有高层、超高层住宅，欧洲人口密度较高的发达地区近几十年几乎没有新建的高层住宅，日本的土地资源紧缺情况远高于中国，但高层住宅的发展仍然很有限。如今新版的《住宅

设计标准》DB34/T 3467—2019 也提出了“住宅建筑限高 80m、容积率不超过 3.1”的控制管理要求，如何合理地管理城市土地开发强度，创造更加宜居的建筑空间环境，是后疫情时期需要考量的问题。

四、平战结合：城市规划在突发事件下的弹性空间预留问题

武汉在疫情爆发后，雷神山医院、方舱医院的建设有效地缓解了医疗体系在收治能力及隔离区方面的不足。这充分说明，在城市面临紧急突发事件时，如果能有针对性地提供应急弹性空间处理突发状况，将极大地提高城市抵抗风险的能力。

实际上，在目前的城市规划体系中对于卫生防疫方面的考虑仍然是不足的。在规划体系中除去基本的防灾设施，一些低概率事件或造成城市重大安全隐患的事项并未充分考虑进来，诸如新冠肺炎疫情这类事件虽然发生概率极低，但如果处理不当，对于城市的影响将是灾难性的。另一方面，针对低概率事件专门安排城市空间进行预留显然是不经济的，因此，如何有效地组织城市空间，有弹性地应对卫生安全突发事件，也是未来规划设计需要重点探讨的问题。

1.2　后疫情时代城市规划发展的设计转变建议

一、完善城乡规划体系

1. 在国土空间规划体系中增加公共卫生专项规划

目前，我国已有的规划并没有要求编制关于传染病的专项规划，涉及公共安全的防灾规划中也没有涉及防疫规划的内容。因此，应将各类灾害防治纳入国土空间规划体系，在“双评价”阶段即梳理重大安全隐患事项和空间，并作为刚性底线管控。强化国家安全发展示范城市评价细则相关指标在国土空间指标体系中的重要作用，将医疗卫生设施专项单独作为专题纳入编制体系。在空间规划的专项规划体系中增加公共卫生专项规划，或编制公共卫生与医疗系统专项规划，凸显公共卫生、医疗机构承担职能定位的不同，强化保障两个不同类别设施所需要的空间资源。

2. 在不同层次的规划编制中逐级落实卫生防疫要求

城市公共安全不仅是总体规划层面要做的事情，也要与控制性详细规划等微观层面规划相结合。在总体规划中布局应急响应的基础设施、储备设施，维护城市公共安全。在控制性详细规划中明确相关设施规模，在建筑设计中加入相应的医疗应急专项储备规划预案。对于规划期限，远期与城市总体规划相一致，近期可以 5 年为一个周期，开展评估和修编工作。最后，规划编制应符合国家有关法律、法规、技术标准和规范。

二、优化城市空间结构

1. 结合城市规模特征适当采取组团式的城市结构

此次疫情发生、快速传播以及防控遇到的困难，在一定程度上暴露了城市人口和资源空间过度聚集带来的负面效应。规划应及时汇总防疫过程中暴露出来的城市公共产品在空间配置上存在的问题，基于分散聚集的趋势，构建多中心、网络化、间隔状的城市区域新形态。城市的人口规模和空间形态是国土空间规划的关键问题。如何处理好集中与分散的关系，做好用地组织和空间布局的合理分区与有机联系，是国土空间规划十分重要的课题。当城市达到一定规模时，应采取组团式的城市结构，在广州、重庆、杭州等大城市已有实践，因自然地形地貌水系分割或防止城区“摊大饼”而发展近郊组团。

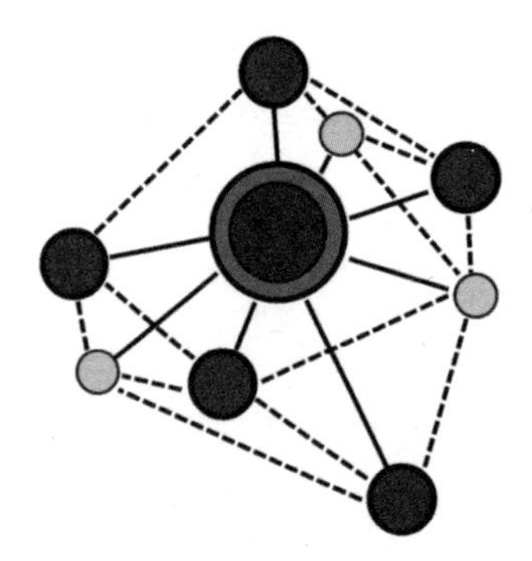

图 1.1　构建多中心、网络化、间隔状的城市区域新形态示意图

（作者自绘）

2. 重视城市群之间的卫生防疫措施

除考虑城市各功能组团间的疫情防控之外，还需控制传染病从一个城市向另一个城市传播，必须重视城镇体系规划，从整体和区域城镇布局上增加城区之间的绿化隔离带。该举措既可以调节城市小气候，也可以作为防灾避灾的缓冲地带，在非常时期建设传染病病人运送系统、传染病隔离设施、卫生隔离带，防止传染病传播。

3. 建立合理尺度的社区单元

在合理的城市总体格局下，应设置适宜尺度的社区单元，作为公共卫生突发事件发生时的基本防控单元，各单元内应合理地设置生活所需的各类公共服务设施，保证物资及服务的供给，减少人员的跨单元流动。在居住区规划中，合理地控制住区规模，避免超大型住区的出现。

三、加强公共卫生体系与城市规划体系的融合

1. 在观念上强化公共卫生问题在城市规划中的重要性

现代城市规划本就起源于应对城市公共卫生问题的需求。历史上，城市规划在公共卫生领域发挥了重要作用。尤其从19世纪中期至20世纪初期，城市规划与公共卫生呈现高度协同效应，具体体现在三个方面：一是创建绿色空间以促进体育活动、社会融合和更好的心理健康；二是通过饮用水和污水系统等社区基础设施预防传染病；三是通过土地使用和分区条例保护人员免受危险的工业辐射和伤害风险。这一时期的城市规划先驱者在推进城市规划和公共卫生的核心理念方面发挥了核心作用。奥姆斯泰德更是因其公园规划设计方面的影响力担任了美国卫生委员会主席。可以说，这一时期城市的规划者既是公共卫生工作者，也是我们今天所说的城市规划者。而如今，与早期城市规划和公共卫生体系相互支撑发展不同，两个体系逐渐分离，各自发展。在未来的城市规划工作中，应积极引导两者的融合，把公共卫生问题作为城市规划需要解决的基本问题之一，全方位地与公共卫生体系相统一，联动开展工作。

2. 加强公共卫生领域的专家在城市规划中的有效参与

40年来，我国城市规划实践以功能分区作为核心指导思想，这实际上是受到了公共卫生思想的影响，对城市公共卫生发挥了一定的积极作用。但与

此同时，过度开发、僵化的功能分区等所产生的城市割裂、公共服务设施不足、缺乏特色等问题大大降低了城市规划在公共卫生初级预防方面的作用，甚至带来了公共卫生方面的问题。

武汉作为当时疫情的重灾区，所暴露出来的问题在一定程度印证了上述判断。主要问题包括医疗设施、防疫资源（包括口罩、防护服等）等的严重不足，城市缺乏应急能力，而这与城市规划中的公共服务设施配套、产业规划、防灾措施等密切相关。无独有偶，这不只是武汉的个别问题，而是城市规划缺乏公共卫生部门参与引起的共性问题。

在未来的城市规划工作中，应更多地引入公共卫生领域的专家参与规划咨询，结合专业的建议，合理地安排医疗卫生用地，同时对现有的医疗服务配套设施指标体系进行修正，以满足城市医疗体系的有效运作。

四、差异性容积率控制

1. 严格控制居住地块容积率

高容积率居住区导致了高人口密度，会造成消防问题、社会问题、人居环境恶化等诸多问题。当疫情发生时，人口聚集、人均户外空间面积低、封闭交通空间等要素会进一步增加疫情防控压力。因此，未来应对居住地块容积率予以更加严格的控制，以实现人居环境的改善和抗风险能力的提升。

对于新建居住区应严格遵循新版《住宅设计标准》DB 33/1006—2017 的要求，控制在容积率 3.1、建筑高度 80m 的管理要求以内。对于城市更新区域和人口密集的中心城区，考虑到土地的经济性以及城市更新的改造成本等问题，可以适当放宽管理要求，各个区域应结合自身的实际情况明确容积率控制底线，通过合理的容积率控制单元分区，有针对性地设置相应的控制指标予以落实。

2. 适当放宽商业地块、工业地块的容积率管控要求

土地财政、开发商逐利等因素推动了居住地块容积率的不断提升，而另一方面，商业办公、工业等地块的低效开发使得土地无法得到有效利用，进一步压缩了居住功能的发展空间。因此，应尽量放宽商业地块、工业地块等非居住功能的容积率管控标准，提高土地经济性，增强产业发展的聚集效应，

为城市居住功能的布局创造更多的发展空间，以解决低容积率住宅开发与土地资源紧缺之间的矛盾。

五、交通体系的优化

1. 绿色出行体系的优化完善

当疫情发生时，城市交通体系的运作会发生巨大转变，公共交通的使用率降低，人们更加倾向于使用私人交通工具（私家车、自行车）或步行。虽然疫情的发生只是少数突发事件，但优质的城市慢行空间的需求近年来正逐步提升。在未来的城市规划设计中，应更多地将城市慢行空间纳入城市道路系统中统筹考虑，当疫情等突发事件发生时，为市民出行预留更多的弹性空间。

图 1.2　广州市越秀区云道

具体的优化措施包括以下几点：①建立连续、网络化的城市绿道体系，减少机非混行的交通组织方式，为自行车出行提供充足的空间，保证非机动车的出行安全；②鼓励通过立体交通、建筑过街通廊等方式优化城市步行环境，为市民提供更加便捷的步行通道；③在控制性详细规划中增加对地块建过街通道空间的建设管理要求，可通过不记容或记容建筑面积折减的方式引导过街通廊的建设。

2. 预先考虑紧急突发事件下的应急预案

总体而言，新冠肺炎疫情等突发事件的发生并不会改变城市交通布局的基本逻辑，但目前绝大多数城市交通规划设计都甚少将应急交通列入专章进行研究。未来在城市交通规划设计，对于城市生命线保障体系应增加应急交通预案，加强对突发情况下交通承载力的分析，增加交通管制预案，保证在类似重大公共卫生事件发生时，能有效地在交通隔离与物资运输保障间寻求平衡。

六、加强城市风环境营造

1. 在宏观层面强调城市通风廊道的规划

考虑病毒在空气中的传播途径，未来应将城市风环境营造纳入城市规划风险防控体系。在国土空间规划层面，应重点考虑城市通风廊道的规划布局，通过生态廊道、区域性建筑高度控制等方式营造良好的城市风廊，避免当疫情发生时的空气滞留问题。

2. 在详细规划设计中增加风环境模拟专项设计

建议在控制性详细规划、城市设计、修建性详细规划中，增加风环境模拟计算专项设计，将城市风环境的预测作为今后规划设计方案的硬性考核标准。满足城市风环境要求的城市设计方案，其空间形态控制要求可编制纳入城市设计导则，对地块建筑高度、密度、界面连续度、建筑组合方式提出相应的要求，作为修建性详细规划的依据。特别是涉及居住区风环境的模拟，组织制定居住区风环境模拟强制性标准，用于指导修建性详细规划或建设工程设计方案。

七、配套设施标准的优化

1. 构建满足 15 分钟生活圈的公共服务设施体系

与传统居住区规划不同，社区生活圈不是将居住地块作为封闭系统，其研究对象是一个开放、复杂的系统，可作为落实多种城市发展目标、应对各类城市危机的复合型载体。近年来，上海、北京与广州等城市提出打造“15 分钟生活圈”。此次疫情也让我们看到中小尺度的“生活圈”在规划和治理中的重要性。围绕社区中心的 15 分钟生活圈是市民活动的“第一层空间”，当疫情发生时也成为疫情防控的基本单元。

现阶段各类公共服务设施大多自成体系，相互之间形成错位重叠，从而导致了不必要的跨区域人口流动。建议在未来的城市规划中，以15分钟生活圈作为城市公共服务设施配置的基本单元，统一各类配套设施体系之间的空间设置标准，以满足基本社区单元内的要素完整性。

2. 修正管理单元、社区治理单元、15分钟生活圈的错位关系

目前在城市规划体系中，公共服务配套设施是以管理单元为范围进行规划管理的，而一个规划管理单元常常达到几十公顷，甚至有时达到100hm^{2}以上的规模。当疫情发生时，防疫隔离工作通常以社区管理单元作为基础进行隔离防控，因此在公共服务设施的供给中常常出现管理单元内能够满足要求，但在基本生活单元中无法满足要求的情况。因此在不同层面的管理口径应进一步寻求统一的方式，适当缩小管理单元范围，同时在管理单元内进行公共配套设施规划时，更多地考虑各城市治理单元的边界，实现空间要素分布的合理性，同时满足15分钟生活圈的使用需求。

3. 提高基层医疗配套设施标准

此次疫情爆发后，暴露出我国基层医疗设施供给的不足，无法满足分级问诊的需求，大大增加了区域级医院的压力。建议在未来的规划设计中，提高基层医疗配套设施的设置标准，包括占地面积、建筑面积、室外活动场地等。同时，增加心理咨询、隔离病房等功能空间，增强社区层面面对紧急突发事件时的应对能力，实现“就地治疗”和“分级诊疗”的多层级医疗系统，建构社区健康生活圈。

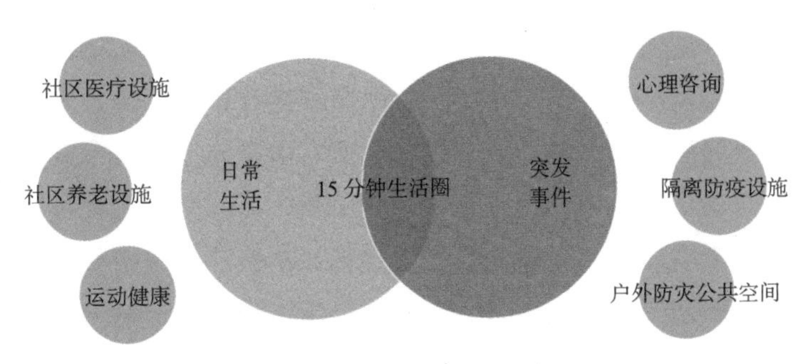

图1.3 社区健康生活圈示意图

八、为突发公共卫生事件预留应急空间，同时设置相应的标准

1. 在各层次规划中考虑应急场所和设施的预留

长期以来，城市规划主要考虑的是火灾、危险品事故、洪水、地震等常见突发公共事件，而对于类似新冠肺炎等极小概率公共突发事件缺乏应急空间的预留。在未来的城市规划设计中，应在不同层次的规划中预留此类事件的应急场所。比如，在国土空间规划中，考虑将应急医疗设施纳入国土空间规划编制内容，在详细规划设计中结合公共设施及户外开敞空间对应急防灾场所进行预留，同时预留水、电、网络等设施接入条件，当疫情发生时可立刻进行功能转换投入使用。

2. 平战结合，应尽可能保证应急防灾空间的日常使用功能

类似本次疫情的事件属于低概率事件，从经济性和可持续发展的角度出发，只预留空间而在日常城市运作过程中不做功能安排是不合理的。因此，为了保障资源的有效利用，在设置防灾应急空间的同时，应充分考虑场地及建筑空间利用的弹性，尽可能地将防灾应急设施建设与公共设施和公共空间相结合，如结合大型体育场馆、会展中心、社区文化活动站、社区广场及公共绿地等公共设施和公共空间配置应急避难空间和物资储备设施，充分考虑在紧急事件发生时这些功能的转换。在此次疫情中，武汉国际博览中心、武汉体育馆均改造成为“方舱医院”，为武汉抗疫提供了有效的支持。考虑与医疗设施的联动需求，防灾空间选址可考虑紧邻大型医院选址，可作为“战”时迅速安置避灾防疫隔离场所，就近发挥医院支撑作用。

3. 在用地规划中战略性“留白”

以战略性“留白”的方式在各区县街道等预留大型应急医疗设施备用空间，在城市空间发展中留有余地，增强弹性，应对未来重大公共卫生、公共安全事件风险，在应急时期可作为物资转运存放、抗震避难场所、临时居住板房和应急医院等功能空间，并提前做好设计预案。在这次疫情中，武汉市参照“小汤山”模式新建的“火神山医院”“雷神山医院”在这场阻断病毒传播的攻坚战中，及时建立空间上的隔绝以筑起安全屏障，是不可或缺的关键一环。在共同见证“中国速度”的同时，不少专业人士提醒，应在空间规划中划定

战略留白用地，以应对不时之需。事实上，在各地省级国土空间规划的编制方案中，大多已明确提出建立留白机制，预留一定比例的建设用地，应对城市发展的不确定性。

九、向“智慧城市”发展的转变

随着科学技术的进步，未来的城市规划工作中应进一步融合前沿科学技术，引导城市迈向“智慧城市”时代。在城市管理中可通过建立城市预警动态数据库及时分析和输入疫情数据，在发现危机的第一时间启动城市预警模拟监控按钮，同时启动政府决策、区域联防、城市联控、物资配送、人员管理、医学科研、物资调配等工作，实现市级、区级、街道、社区以及人员的联动应战模式。在城市基础设施方面，通过引入智能识别、线上支付等技术，进一步推动城市运作的无人化发展，同时在交通设施、市政基础设施等方面更多地考虑未来“智慧城市”的发展方向，为现代物流、无人驾驶、无人配送等新兴技术预留发展空间。

1.3 后疫情时代城市规划发展的展望

我国改革开放40多年以来，城市发展大多聚焦于解决城市常规情况下所需面对的问题，而对于诸如新冠疫情这类小概率突发重大公共卫生事件缺乏预判及应对预案，同时通过特殊事件也暴露出我国城市规划在诸如公共卫生体系、空间规划、公共服务设施配套等方面的不足。这次事件让我们回归“以人类的健康为根本目的”的城市规划初衷，在未来的城市规划体系中不断完善疫情防控、医疗配套体系等专项规划；从重市、区级大型设施建设转向加强社区防灾空间与应急管理；从日常被动的刚性配置应对转向平战结合的弹性留白；从物质空间规划为重点转向公共政策制定。未来，当类似的重大突发事件发生时，希望我们的城市能够从容面对。

第 2 章　建筑专业

2.1　住宅建筑

一、疫情期间住宅建筑的现状问题分析及反思

2020 年年初突发的新冠肺炎疫情给中国经济和社会发展带来了巨大冲击，在党中央坚强领导下，国内疫情防控已经取得了决定性的胜利。此次新冠肺炎疫情暴露了住宅设计方面的短板问题，从业人员开始对城市、居住区和建筑进行重新审视、反思。在此背景下，健康住宅引起了人民的广泛关注，具有行业风向标性质的国际绿色建筑与建筑节能大会在 2020 年将会议的主题更改为“升级住房消费——健康绿色建筑”，大会对疫情后的住宅设计进行了广泛讨论。

疫情的突然出现，引起了全世界居住者和舆论对于居住健康问题的关注，人们迫切地追求拥有健康的人居环境。《健康住宅建设技术要点》2004 版在居住环境的健康性和社会环境的健康性等方面进行了研究，但随着我国建设的高速发展，此要点标准及规定要求偏低。健康是促进人全面发展的必然要求和经济社会发展的基础条件，也是广大人民群众的共同追求。中共中央、国务院于 2016 年 10 月 25 日印发了《“健康中国 2030”规划纲要》[1]，明确提出了推进健康中国建设的国家战略。《健康建筑评价标准》T/ASC 02—2016 是通过控制建筑中影响身心健康所涉及的建筑因素（室内空气污染物浓度、饮用水水质、室内舒适度等），进而全面提升建筑健康性能，促进建筑使用者身

[1] 中共中央，国务院．“健康中国 2030”规划纲要 [Z]. 2016.

心健康的评价体系。

疫情后国家应制定相关的行业标准来确保民用住宅建筑和公用建筑达到健康居住环境的标准。建议参考并采用国际上认可的WELL健康建筑标准认证作为行业标准，而不应只是某些建筑项目噱头般的存在。2015年绿色建筑认证协会（GBCI）和国际WELL建筑研究所（IWBI）正式将WELL建筑标准引入中国。WELL建筑标准是一个基于性能的系统，它更多地立足于医学研究机构，探索建筑与其居住者的健康和福祉之间的关系，重塑建筑标准，全方位解决居住健康问题。而它与LEED最大的区别则在于：LEED认证标准基本只关注建筑本身，更多的着重点在于环保和可持续发展，而WELL是关注建筑内部环境健康、居住者居住生活的认证，它的着重点在于“人”，可以说它是LEED、绿色三星等绿色建筑评级系统的有力补充。主要从空气、水、营养、光、运动、热舒适、声环境、材料、精神、社区、创新等多个类别关注建筑中人的感受。

随着经济社会的发展，城市人居已经进入大健康时代，居住健康是大健康的重要组织部分，特别是此次新冠肺炎疫情的影响，使健康人居成为普通民众的关注点。为应对此类变化，地产积极推动住宅产品迭代升级，提供全生命周期下更加绿色、健康、智能的居住建筑产品，相关产品紧抓健康特点，以满足后疫情时代广大客户不断改善居住状况的需求。

二、后疫情时代健康住宅设计转变建议

1. 健康住宅社区规划设计关注点

（1）社区规划布局

住宅社区总体排布，采光通风需求更加迫切，以往因容积率限制等因素在住宅平面设计中相对忽视的阳台/露台将受到重视，而阳台平面面积的增加必定会影响建筑外立面设计与平面设计的重新构思。低密度、低容积率社区将更加受欢迎，别墅类、洋房、板式小高层类建筑楼型更具有市场竞争力。行列式布置及点式布置比围合式布置有更通畅的场地通风。打造良好的建筑楼间距与开阔的公共景观、社区内健康宜人的公共环境、安全的室外活动空间、成熟的物业管理等均会是未来置业的重要衡量指标。

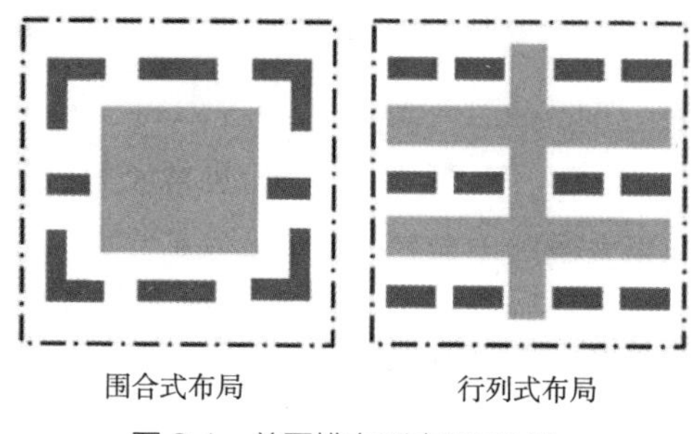

图 2.1　总图排布形态通风对比

（2）塔楼周边风环境分析

传统的高层塔式建筑对周边环境通风有利，但自身通风换气相对较差，而传统的板式建筑住宅内通风条件比塔式建筑好，但如果长度控制不好则不利于健康的社区居住环境。疫情后应把风环境模拟分析纳入必要的设计环节，模拟建筑室外风环境可对大气流动、污染物扩散、巷道风效应进行分析，可指导优化住宅社区规划布局的设计，改善区域建筑环境。

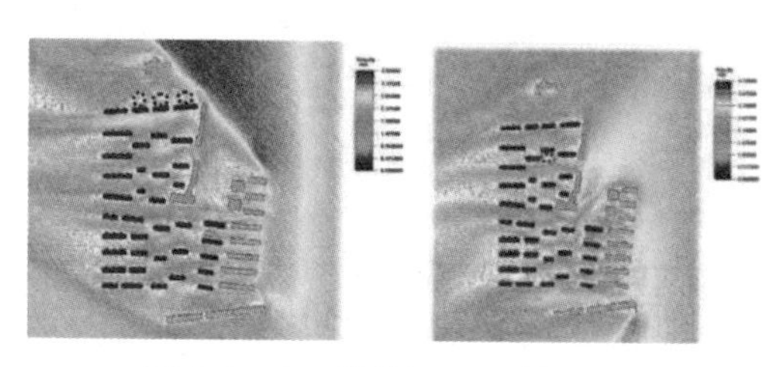
图 2.2　风环境分析小区建筑环境

（3）楼型设计

疫情后为了获取更好的采光通风居住环境，在楼型选择上，低 T 户比（低于 T4 的楼型）板式结构优于高 T 户比（高于 T4）塔式结构住宅楼型，板式结构易获得室内外空气对流，更利于居住健康，低 T 户比可减少公共交通空间交叉污染的风险，条件允许的话分开的电梯核心筒更利于通风，创新合理的设计可对建筑公摊面积和良好采光通风居住面积加以协调平衡。

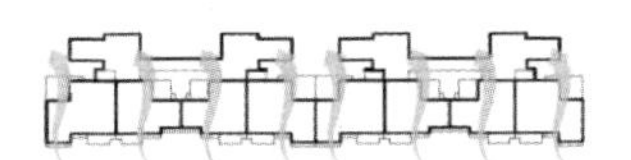

户型一 T4　　户户均可南北对流（100%）

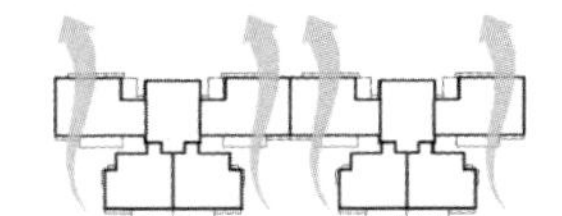

户型二 T4　仅后侧两户可南北对流（50%）

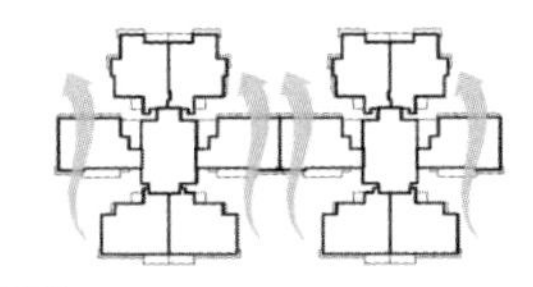

户型三 T6　仅两翼两户可南北对流（33%）

图 2.3　各楼型通风状况对比

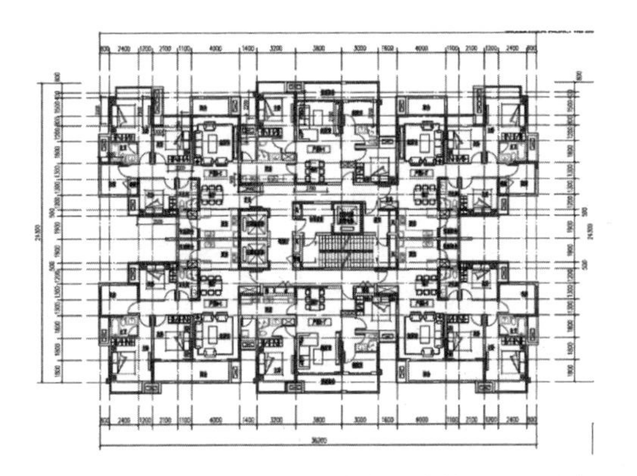

图 2.4　高 T 户比塔式住宅楼型

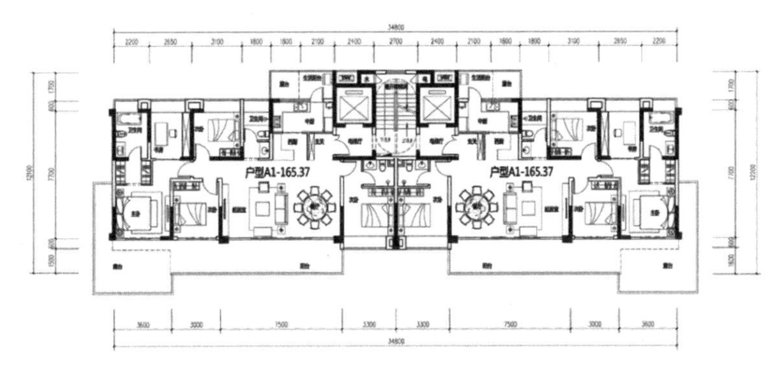

图 2.5　低 T 户比板式住宅楼型

（4）住区公共配套设施

完善住宅社区配套设施，设计预留平疫结合转换可能性。

（5）卫生服务中心、党群/社区服务中心、物业管理

做到平疫结合，在非常时期的防疫宣传、信息公布、防疫物资的发放和临时医疗救急，并与120急救中心联动。

（6）老年人日间照料中心、社康中心

社区设置针对弱势群体的日间照料中心，提供儿童托管服务项目、老人照料服务项目和残疾人托管服务项目。

老年人、残疾人等行动障碍人士也是社区生活居民的一员，健康社区应从众多方面考虑到他们的需求，通过细致贴心的设计，为他们提供自主、安全、方便的生活环境以及便利的活动设施，使他们可以平等地参与社区活动，带给他们更多的安全感和舒适感。

图2.6　日间照料中心

（7）架空层设计、健身用房

“底层架空”设计手法引入住宅单元空间，一是有利于平疫结合；二是平时使用有利于入户大堂采光，拓宽空间视野；三是平疫期间均可设置主题式功能空间，比如自由开放的活动区、活力四射的健身区、梦幻童享的游乐区、规整有序的自行车停放区等，充分利用架空空间，营造适宜邻里交往的空间环境；四是建筑融合景观，景观延伸入建筑，两者相得益彰，共同打造社区单元“底层架空”空间，追溯健康生活方式。

图2.7　主题式功能空间——活动区、健身区、游乐区、自行车停放区

（8）鼓励健康出行

自行车作为一种绿色交通工具，拥有方便、清洁、低碳、环保、低成本等优势。它是一种非常有效的物理锻炼方式，也是一种低碳健身方式[1]，同时能在疫期减少交叉感染。

图2.8　自行车骑行道

为鼓励社区人员采用骑行等健康的出行方式，目前各地有逐渐弱化自行车车库设置的趋势，对平疫结合并不合适。建议各地规划部门对于自行车库给予合理配置指标，配备维修工具间。

[1] 曾宇，肖艳.《健康建筑评价标准》解读之健身章节[J]. 建筑技术，2018，49（06）：655-657.

大型社区可以在公园内或社区道路上设置专用的自行车骑行道，便于开展骑行运动。

自行车停车位数量需满足当地政府部门的配建要求，建议各地规划部门补充“同时不少于社区中长期工作或生活人员总人数的10%”的配置要求。自行车存车处可设置于地下或地面，其位置宜结合建筑出入口布置，方便使用，设置在室外时应有遮阳防雨设施。

图2.9　自行车停车场

图2.10　共享单车停车场

（9）社区商业

合理设有药店、小型超市、能送餐的饭馆等，提供疫情期间居民的生活必需品，减少居民外出感染的概率。

（10）地下车库

发生疫情时，禁止隔离人员进入空气流通不畅的小区地下室停车场，疫情期间视需要开启停车场排风系统。同时建议配置健全的建筑设备管理系统（BA系统），可以根据建筑物的集中空调、通风、防排烟等设备的实际情况，升级相应的设备监控点表和应急控制逻辑，实现智慧应急防控的功能。例如，可以随时根据需要加大地下室、电梯前室等人流停留区域的通风，无人时，又可以恢复原定模式保持节能状态。

（11）住区出入口管理的平疫转换设计

小区的设计需拓展入口的功能和满足住户对物业的新要求。城市物流和电子零售业在疫情期间需求激增，但因防疫安全起见，快递无法进入小区导致集中堆放在大门口，小区的入口往往只提供隔断作用，疫情发生期间有小

区自行搭建起简易消毒长廊得到赞赏，这说明小区在规划和设计上均缺乏可应急、储存、消毒隔离等多功能使用的公共空间。

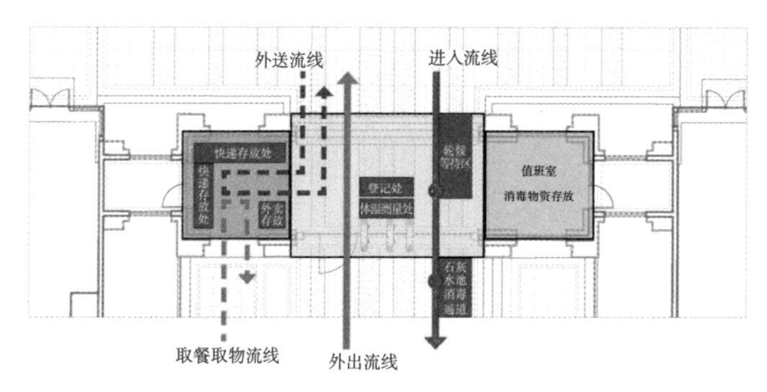

图 2.11　疫时小区入口管理

（12）垃圾及废品进出

小区存放垃圾的收集点应设置在小区的下风口，可选择设置在小区的边缘，避开人流集中区域，垃圾收集点建议设置洗手池或涮洗池。发生疫情时，隔离区产出的污染垃圾及口罩应按有害垃圾分类存放，建议增设紫外灯杀菌消毒，并设置风机房方便检修消毒，需要控制风机持续运行时产生的噪声。

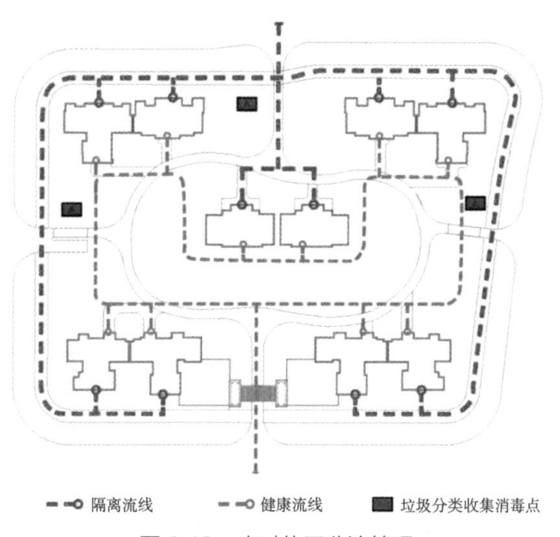

图 2.12　疫时住区分流管理

（13）住区公共空间及环境设计

规划绿化带的绿树抵挡道路的病毒尘埃，设计绿化使人远离排风口、化粪池检修口，住区绿地率应有较好的指标。绿地总体地形设计应有利于排水，利用垂直绿化合理划分和界定交通道、活动场所、功能区域，形成各自独立的空间。

（14）住区活动场地设置

建筑住区的公共活动场地设置给水排水设施，紧急状态下可利用此场地作为临时救助设施搭建场地。

（15）住区智能化设计

疫情后小区设计布局上需预留多功能公共空间，将人工智能、区块链、大数据等新技术融入社区规划，根据不同的情况切换使用功能，充分考虑文体娱乐、应急医护、日常使用等场景。智能化的小区物业管理需求越发强烈，疫情期间收取快递会增加在密闭空间电梯内的交叉传染，大多数小区无法做到智能化管理（人脸识别，远程门禁授权，健康自动检测等），以减少人员在电梯等公用空间内交叉接触，疫情后需完善社区智能化无接触式配送等服务（如机器人送餐、送快递，以及垃圾清运通道等）。

2. 健康住宅单元公共空间设计关注点

（1）大堂的入口平疫转换及流线设计

单元首层大堂建议设置两个不同方向的出入口，方便出现疫情时进行健康人群入口和需隔离人员入口的划分。信报箱位置设置，考虑投递和取件分流动线。

（2）电梯厅、走廊

电梯厅是高层住宅的重要搭载交通，也是居住者相互交集较为频繁的空间，调查数据显示，74.58% 的受访者选择独立入户玄关，以增加私密性，提升入户品质，同时有效提升公共空间利用率。

建议设计客梯货梯分离式核心筒。选择一个电梯作为平时垃圾、管理、装修、物流、消防等功能使用。当住宅某户居民需要隔离时，可以将该电梯设置为隔离人员专用的电梯（临时调整为仅停靠隔离楼层及首层），隔离人员到专用电梯，专用电梯出首层大堂侧门可采用塑料薄膜（或成品板材）分隔出专业通道。隔离人员的物质补给和垃圾清运均通过隔离通道运输，隔离人

员的垃圾统一清运集中销毁。

电梯厅采用分厅形式时，在功能上还可形成健康防护屏障——入户第一道玄关，入户前清洁消毒，减少外部病菌传播；此外户内玄关作为第二重防护，还增设收纳功能，入户双重玄关、双重防护，归家安全放心，营造良好的空间环境。

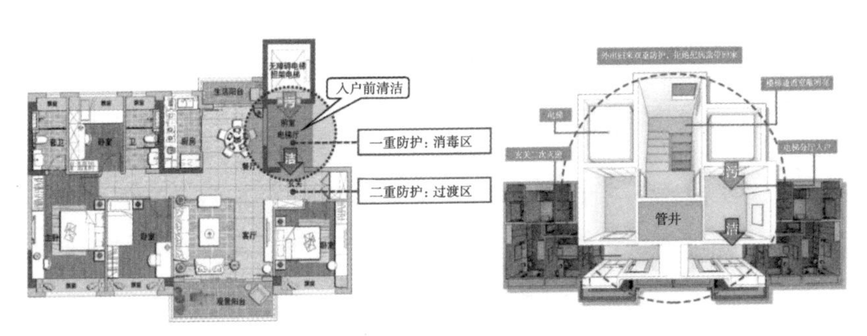

图 2.13　分离式电梯厅示意

住宅电梯厅，走廊建议有直接对外的采光通风窗，确实不具备条件时，应设机械通风，同时预留进风机或进风通路，保证电梯厅负压。为保证有效地通风换气，建议在封闭前室内补充设置新排风系统，新风可以利用加压系统或自然开窗补风，顶部设排风机，注意在与消防系统匹配的同时控制好消防设备的噪声。电梯控制系统宜采用无接触的方式选层（如高安全性智能卡、人脸识别或声控等方式），不具备条件的应在电梯按键附近设置纸巾等隔离物品，设置明显的图文提示。电梯按钮、大堂入口门把手等都是容易出现交叉感染的部位，建议采用非接触的感应装置。

（3）电梯井道设计

绝大多数建筑的电梯井道均不设置机械通风系统，仅靠顶部两个很小的钢缆孔洞自然透气（也有个别电梯厂商要求每个井道顶部开一个自然通风孔的，如日立电梯），同时很多高端楼盘的电梯采用空调降温，电梯轿厢为完全密闭空间。由于电梯内部是人员密集的高危险传染空间，为了降低病毒密度，建议电梯采用通风降温方式。同时为避免病菌进入电梯井道，顶部机房预留应急排风机，电梯井道对外下部设进风口，在病毒流行期开启，加速电梯井道空气流动，降低病菌密度，防止病菌竖向感染；或者可以采用新风电梯轿厢。

（4）公共空间材料选择

开发有自消毒功能的材料用作面层也是一种途径。有针对性地采用抗菌制品和建筑材料，如对卫生洁具及电梯控制面板等公用设施采取具有持久抗菌的功能处理。在房间地板中做活性炭，可起到杀灭病毒和吸收空气中一些有害气体的作用。

3. 健康住宅户内空间设计关注点

（1）住宅采光通风设计

住宅户型尽量避免采用近距离相对的门窗，避免出现窄缝天井式户型设计；建议进行自然通风设计（可通过流体动力学模拟），保证住户之间不发生串风，优先采用平开窗。新风系统可以在雾霾天气和空调使用期间改善室内卫生环境，但由于风量较小，控制各房间压力困难，传染病流行期间建议关闭新风系统，开窗自然通风。疫情期间应对空调系统进行清洗消毒，并定期对风口进行喷雾消毒。窄缝天井式户型设计尽量避免。住宅内天井、狭长的开口天井会形成与周围房间连通的空气通道，为了避免交叉感染，需要保证天井和中庭空间的负压，使开向天井的窗尽量处于排风（气）状态。

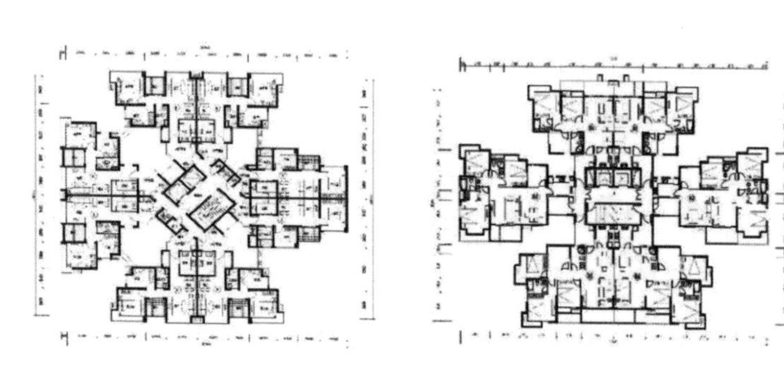

图 2.14　窄缝天井塔式住宅楼型

（2）入口玄关设计

入户花园，入户玄关与卫生间具有临时清洗消毒功能，可有效阻断外界病毒灰尘的传播，保持居室生活区的洁净，提升居住空间安全性。必要时设置静音排风，设杀菌消毒通风一体功能鞋柜、衣柜，适当扩大玄关面积，考虑双流线玄关入户，入户花园。

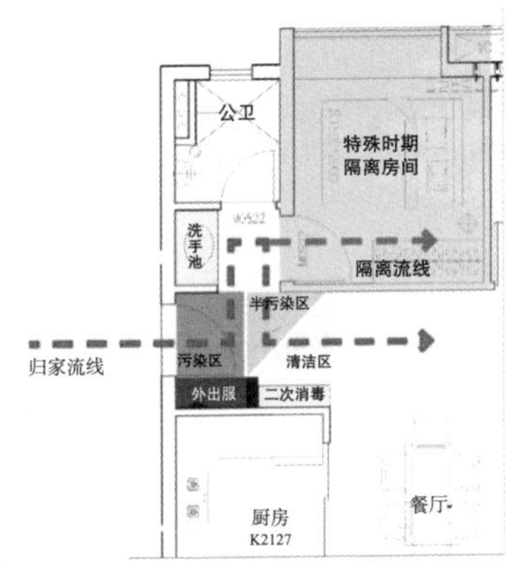

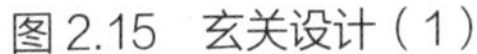
图2.15 玄关设计（1）

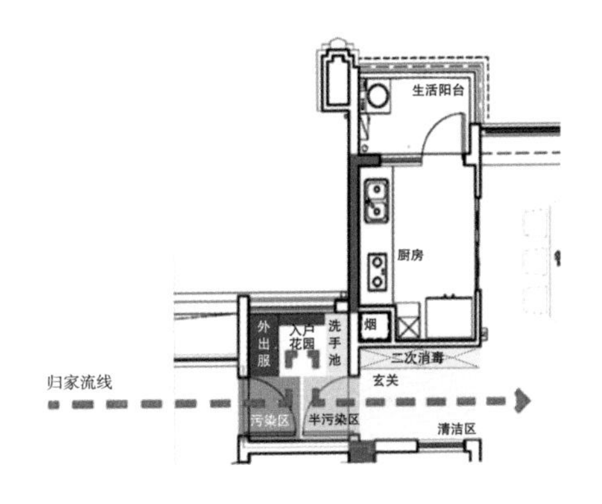

图2.16 玄关设计（2）

（3）卧室设计

卧室适应疫期住宅防护隔离间转换设计，条件许可采用多套房设计。

（4）厨房设计

排风加装止回阀，由于现有标准的成品油烟风道普遍较小，特别是随着人口老龄化和二胎的普及，居家做饭的需求明显增加，导致在家庭自住率较高的小区，居民普遍反映使用高峰期厨房油烟排气不畅，中式烹饪的特点更加剧了油烟危害，导致呼吸道疾病高发，建议住宅按规范标准选型增大，建议规范补充风道顶部设置公共的机械排风装置。橱柜考虑杀菌净化功能。

疫情期间居家时间长，建议今后户型设计提升厨房空间的定位，与客厅活动空间更加糅合，优化厨房操作动线、操作台面尺寸，优化厨房门开启方式；推动“厨房透明窗”落地，解决主人在厨房忙碌同时，兼顾客厅孩子的玩耍。

（5）卫生间设计

卫生间应设置在主导风向的负压侧，避免卫生间等空间的空气串流到其他房间。卫生间尽可能自然采光通风，排风直接排向开敞的室外空间。如果因为布局原因需要设置不能自然采光通风的暗卫时，病源者使用后会形成高浓度的含病毒空气，若再通过排气机（扇）以较高的正压（强）排入公共风道，就有可能“串入”别人家的卫生间。因此卫生间排气扇必须带止回阀，同层尽可能不共用管井，如共用管井接口必须错开。同时为保证竖井内的污染空气不受室外气象条件影响，形成倒流，风道顶部设置低噪声的公共机械排风

装置，该装置在疫情流行期开启。

卫生间排水管路设计时需按规范要求设置存水弯及水封，同时注意平时的清洁及维护，防止存水弯及其水封失效。当一户内有多个卫生间时，各卫生间的卫生器具不共用存水弯，减少各卫生间交叉感染传播的概率。

卫生间等采用声控和感应方式的照明系统，宜采用常闭触点控制紫外线消毒灯等装置，在无人时自动开启消毒功能，有人时自动关闭，卫生间做成干湿分离，最好是三分离，配备一体式台盆。

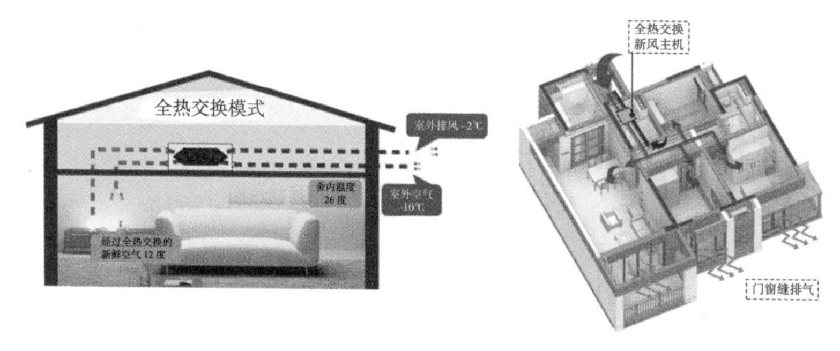

图 2.17　住宅室内排风系统图

三、住宅户型防疫期间的可变功能需求设计

1. 远程办公 / 教育

疫情后将进一步促进更多行业开辟线上办公与服务，随着居家办公、线上教育的普及，线上直播营销经济兴起，户型内拥有弹性独立的工作活动空间将会成为主流，开放式复合功能的居住空间需满足家庭各成员不同的活动要求与不同场景下聚会的场所。以往只在大户型内配备的书房 / 多功能空间将成为新刚需。中央空调循环式大面积办公建筑需求将会减少，商业转住宅的封闭式公寓建筑的市场热度将会下降。

2. 居家医疗 / 隔离

住宅家庭成员进行自我隔离时，建议选择玄关旁套房或带卫生间主套作为隔离房间，隔断（或床单被套）在走道或门口分隔出预进间，生活物资的交接在预进间内进行，减少健康人员与隔离人员碰面感染的机会，预进间内放置酒精喷雾以备随时消毒。

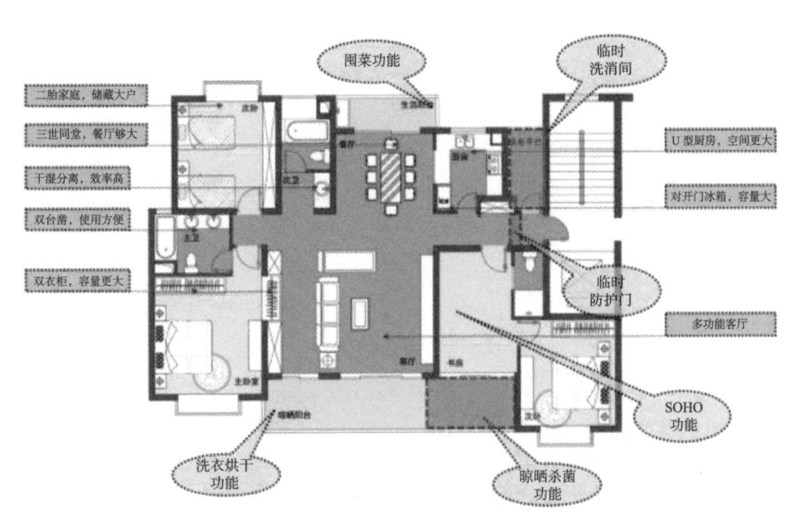

图 2.18　居家隔离户型示意分析

3. 居家活动 / 健身

客厅作为家庭活动核心区域，应配备有开敞式阳台，兼作多功能厅使用。

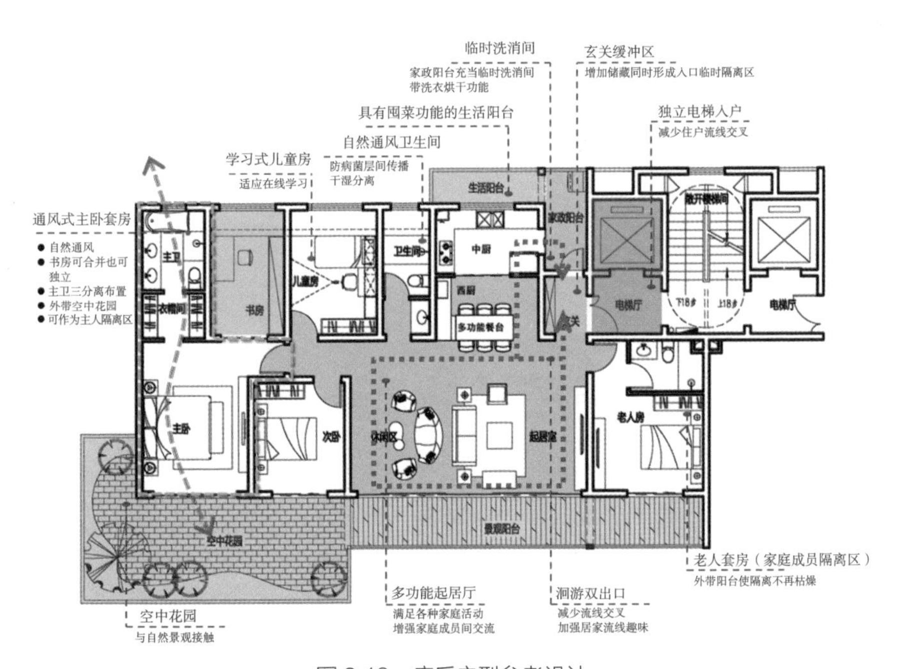

图 2.19　疫后户型参考设计

4. 疫后户型新设计

对个人和公共卫生更高的要求、生活或工作习惯的改变带来的需求、更加便捷的生活配套设施需求、对物业服务更多的需求。使人们对住宅户型提出了新要求，归纳如下：多功能居家办公空间、主卧小家化设计、多场景餐客厅空间、适应远程教育的儿童房。

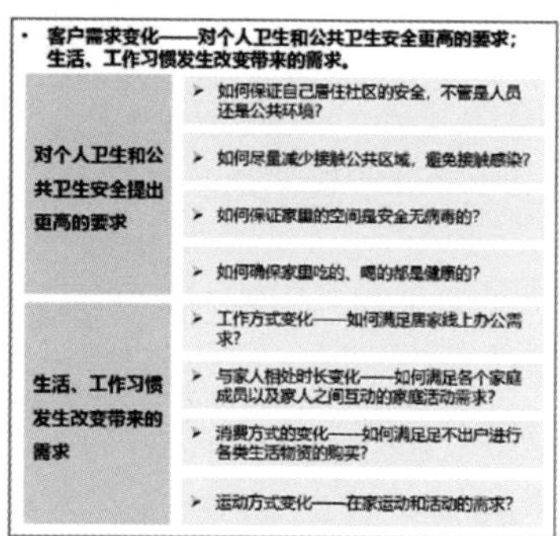

图 2.20 疫情下的生活和住家需求变化

（资料来源：万科研发 - 健康社区研发框架）

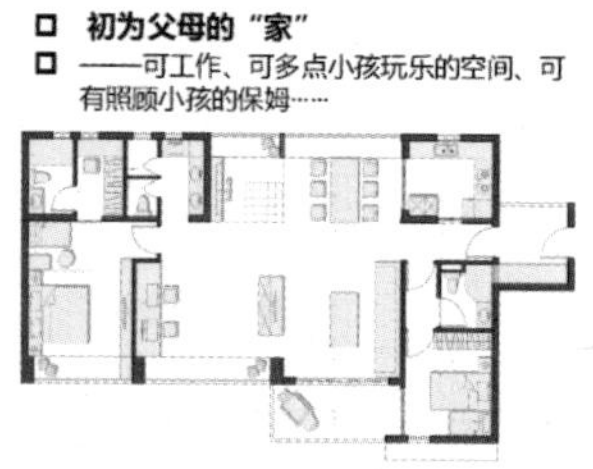

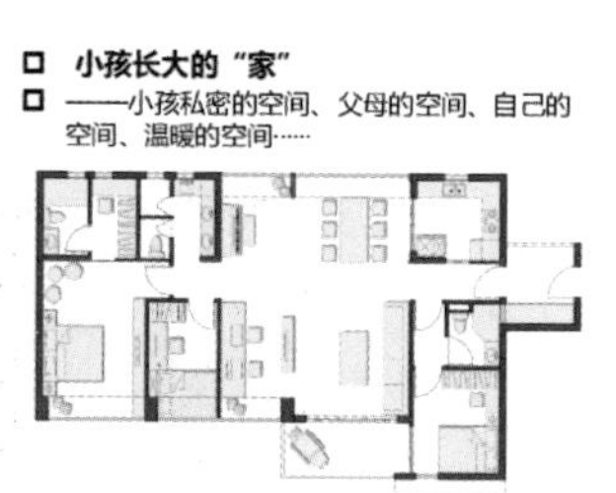

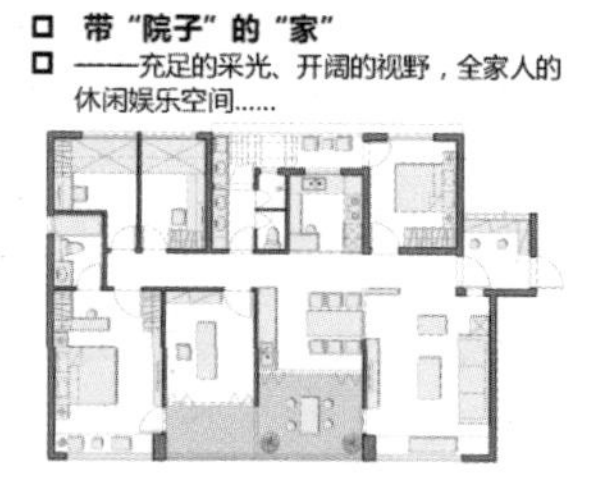

图 2.21 疫后创新户型研究

2.2 大型公共建筑

一、疫情下大型公共建筑暴露的问题与反思

大型公共建筑的建设是城市发展到一定阶段的产物，是出于满足城市交流活动的需求。大型公共建筑承担了如交通、展览、文化交流、健康娱乐等重要的城市功能，一般具有体型大、占地广的特征，在一定的时间内很快聚集和疏散大量人流，对城市的布局及面貌均有着重要的影响。

常规状态下，大型公共建筑的设计建造基本着眼于满足建筑传统的建筑三原则——安全、舒适、美观：即满足建筑物既定的目标功能需求，组织好各方流线，保证结构、消防等的安全性；同时，由于大型公共建筑在所处区域具有一定的重要性，因此经常被定义为地标性建筑物，其造型也是设计的重点。

在国内疫情严重期间，不少大型公共建筑因为防疫要求，或关闭（如口岸、体育会展建筑），或临时调整了布局及流线（如机场航站楼），或临时承担起另外的功能并做出了巨大贡献（如部分体育馆、会展中心改造为方舱医院）。尽管目前国内疫情防控重点已由内控转为外防，但随着疫情全球化的蔓延，新冠病毒的阴影将在有效的疫苗出现之前都伴随着人类。注重健康卫生、保持社交距离的防疫原则已经或即将改变我们的行为方式，改变使用者对建筑物的空间需求及使用方式。以上的种种改变或许出于被动，但也给城市建设者们提供了一个审视疫情之前未能重视或预见问题的良好契机。通过复盘疫情期间大型公共建筑暴露的问题和矛盾，有利于我们在后疫情时代做出更加正确的设计。

1. 对于大型公共建筑使用群体，原有的建筑设计在健康方面的考虑是否足够?

大型公共建筑占地面积广，进深及体量都较大，同时可能因为造型要求而具有复杂的外墙系统，或因为功能上对采光、风速有着苛刻要求，导致难以利用外墙、屋面开设外窗进行自然通风、采光，以满足建筑的舒适性要求。以机场航站楼为例，根据现行《公共建筑节能设计标准》DB 11/687—2015 的要求，航站楼建筑幕墙应设可开启窗扇，其有效通风换气面积不宜小于所在房间外墙面积的 10%，以保证过渡季节的通风。但因机场安防要求，楼内这些可开启扇一直未开启，失去了通风的功能。航站楼内还是依靠全空气空调系统进行换气。而对于机械通风、人工照明等主动调节过分依赖，忽视使用空间内空气的自然更新，这样不仅带来了能源的高消耗，同时易导致空气环境质量下降，对使用人群健康造成潜在的危害。

在后疫情时代，人们会更强调和注重使用环境的清洁与健康，因此大型公共建筑应重视建筑中影响使用者身心健康的因素（室内空气污染浓度、饮用水水质、室内舒适度等），进而全面提升建筑健康性能，促进使用者的身心健康。

2. 对于大型公共建筑，原有的弹性设计是否足以应对后疫情时代?

（1）体育、展览建筑

在平时，大型公共建筑建筑一直具有弹性设计的概念，但这个弹性设计基本聚焦于对原有设计功能进行拓展，即通过灵活、兼容的空间设计实现场馆的多元适应、综合高效，能兼顾目标功能和日常使用，旨在提高场馆利用率，增加社会效益和经济效益。如体育场馆会考虑兼容多种赛事，如篮球、羽毛球、体操等，同时可以兼顾歌舞、戏剧、会议、展览、培训等文娱活动。

由于大型公共建筑本身空间宽敞，安全性高，交通便利，设备完善，是城市灾难发生时的最佳避难场所，英国、美国、日本等发达国家都将体育场馆作为应急避难场所，并建有齐全的配套设施，一旦发生灾难，就可以立即启用这些设施。在这次新冠疫情期间，部分大型公共建筑（如武汉洪山体育馆、武汉客厅等）被改造为收治轻症新冠患者的方舱医院，大大改善了不同病情患者的分布状况，提高了整体救治、护理效率，在中国抗击新冠疫情的工作中起到非常重要的作用。中国医学科学院院长王辰院士团队也在全球顶级医学期刊《柳叶刀》中刊文指出，未来大型公共场所（如体育场馆、会展中心）的设计和施工应该整合部分医疗方向的功能，促进将来可能向方舱医院的转换。

城市的体育、会展建筑通常独立布置，建筑周边因为需要组织大量的人流和车流而布置有大量的广场、绿地，建筑与周边的城市道路衔接便利。建筑内部具有较大面积的比赛场地或展览空间，有利于灾民或病床的集中布置与看护。建筑物与比赛场地相关的辅助功能齐全，各类分区明确，有着多个

出入口，便于组织不同功能流线。因此，相较于其他类型的建筑，城市的体育、会展建筑更加适合于改造成临时避难、医疗中心。

在我国近年来的几次大型灾难救援中，大型公共建筑作为临时容灾避难场所频频亮相，意味着大型公共建筑能作为灾时安全避难场所的实施正在被政府及民众所接受和认可。

部分大型公共建筑作为临时容灾避难场所情况一览表 **表1**

事件	时间	建筑物	灾源	临时使用情况
广州春运交通滞留事件	2008年1月	广州天河体育中心	雪灾	安置滞留旅客
四川汶川大地震	2008年5月	绵阳九洲体育馆	地震	接纳灾民
江西抚州水灾	2010年6月	抚州市体育馆	水灾	接纳灾民
武汉新冠疫情	2020年3月	武汉洪山体育馆、武汉客厅等	新冠疫情	传染病临时收治

我国虽然也将部分大型公共建筑列入应急避难场所，但可能受限于认知和国情，所有作为应急避难场所使用的大型公共建筑都是灾害发生后才被政府临时征用，灾前普遍缺少平灾结合的设计考虑，灾时转换能力较弱，作为兼容安全庇护场所或方舱医院考虑的弹性设计并未得到充分的重视。

（2）交通建筑（以机场为例）

现有机场设计规范、手册更多聚焦在服务旅客的水平、运营效率、航站楼安防、防火设计，以及人文机场、平安机场、绿色机场、智慧机场等四型机场设计方面。在实际的机场项目中，除了国家要求的检验检疫设备和措施外，机场还会根据自身航线实际情况考虑相关防疫措施。例如广州白云国际机场基于2003年非典、2014年非洲埃博拉的防疫经验，在T2航站楼（2018年4月投入运营）设置埃博拉病毒隔离点，配套设置负压设施和检验检疫设施。

但本次新冠肺炎疫情与埃博拉、SARS不同，疫情并没有在短时间内被控制，反而成了全球大流行病。2020年3月国内疫情得到控制，而海外则愈演愈烈，我国的防疫重点也从内控转向外防。在2020年3月尚未限制国际航班及中转前，白云机场每日境外输入旅客约5000人次。根据海关的相关要求，对国际到港及中转旅客进行采样抽查。采样速度为 10 分钟 / 人。按此检验操作速度，大量旅客需滞留机场候检。此时，机场航站楼原设计的防疫措施已不能承受如此大量的隔离旅客的防疫防护压力。随着 2020 年 3 月 26 日中国民用航空局（下称民航局）出台了《关于疫情防控期间继续调减国际客运航班量的通知》（下称“通知”），将通过除彻底断航和入境管制之外几乎是最严厉的调控手段来减小境外输入疫情的压力，白云机场的防疫防护压力也随之得到了一定程度的缓解。

由于疫情期间客流下降，加之机场的空间大，工艺流线较长，航站楼内部分隔灵活，工作人员具有一定防疫经验，所以疫情期间尽管防疫压力超出原有设计，也能够尽量依靠各种内部空间转换和流线调整来解决防控工作中遇到的相关问题。从 2020 年 1 月开始至 2020 年 6 月，广州白云国际机场制订的防控新冠肺炎疫情工作指引一直在根据实际情况进行调整及完善，目前已经更新到第八版，各项措施也相对稳定。

在健康城市建设目标中，我国仍会新建许多大型公共建筑建筑。因此，结合“平战（疫、灾）双轨”的思想，部分未来新建的大型公共建筑有必要结合城市的防灾规划，在初始建设时即要对极端灾害情况做出合理的目标规划，模拟可能发生的灾害并对此做出预案，用于指导大型公共建筑的建设活动，使大型公共建筑具有弹性使用功能，能够帮助城市及其居民快速有效地应对灾害。

3. 疫情期间保持使用或临时调整使用功能的大型公共建筑在改造运行期间存在哪些问题?

（1）体育、展览建筑

课题对疫情期间临时转变使用功能的武汉开发区体育中心、中国（武汉）文化会展中心（简称武汉客厅）等大型公共建筑进行了资料搜集及问卷调研，了解到其在作为传染病方舱医院的使用过程中，可能存在以下问题：

· 区位：如果城市高大公共建筑（会展中心、体育馆等）位于密集的建成区，与周边的住区、办公区域或公共活动场所距离较近，就难以满足传染病防护与救治的隔离要求，而且周边居民担心病毒会通过空气扩散传染，带来不良社会影响。

· 建筑

① 部分场馆出入口及通道宽度不足，通过医院设备或病床时较为困难。

② 由于医护人员出舱过程中的消毒时间比进舱穿衣时间要长，因此出现医护出口数量不足的情况。

③ 卫浴数量不足或使用不便——首层卫生间不足，因为体育馆观众使用的卫生间布置在二层，不增加临时措施的时候，需要病人跃层使用观众区卫生间；或临时增加的卫浴位于室外，雨雪天气时使用不便。

④ 病床置于开敞的室内大空间下，存在病床之间相互干扰大、缺乏隐私保护及易交叉感染的隐患。

⑤ 比赛场地周边的辅助功能空间难以完全满足临时医疗中心所需的诊治医技功能、保障设备的荷载、空间、电力等需求。

· 设备

① 通风系统：大型公共建筑基本采用中央空调系统，当成为SARS、COVID-19新冠肺炎类高传染性疾病的安全庇护场所则需要对气流走向、自然通风有更多更严格的专业要求，需要考虑气流由清洁区流向污染区时，由于一般设计都没有按传染病医院流程进行考虑，所以导致空调难以使用，或者是改造工程量大。

② 患者及医护人员生活、工作排放的污废水气应当得到有序收集并消毒，因此难以直接利用原有排水、排气设施进行排放。室外临时搭建的卫生间污水也必须单独收集，集中消毒处理。而可移动式化粪池容量有限，造成大容量方舱的污水倒运工作量大。

③ 集装箱卫生单元非标准化问题。方舱医院的洗澡间、洗脸间都是在集装箱内装洗浴设备而成，移动厕所也是一个单元，这些组装在一起往往耗费很长时间。

④ 原建筑物室内部分设备不便快速移除。

（2）交通建筑（以机场为例）

· 建筑

当国内防疫重点从内控转向外防时，机场也成为防疫前线，还未来得及充分调整的航站楼滞留了大量入境旅客等待防疫及入境检查。根据机场方面反馈，当时的航站楼使用存在以下问题：

① 航站楼内功能设施存在冗余度不足的问题，尤其是卫生间、座椅、饮水点等服务设施。

② 旅客公共空间办公用房数量可能存在不足，难以应对疫情期间改造为检验检疫用房或现场指挥部，导致部分临时用房搭建或安排在远离旅客的区域，增加了交叉感染的风险。

· 空调系统及建筑通风

航站楼的高大空间空调系统无法实现完全分区运行。出于空防、安保的考虑，航站楼幕墙窗无法开启，在疫情期间调整功能使用时，无法保证有效的自然通风效果，可能会存在旅客临时集中区与其他区域串通的问题，造成二次污染。

4. 大型公共建筑可能存在哪些问题？会制约建筑物的灵活性，使之难以应对可能的临时或永久功能、流线等方面的调整

根据资料收集及问卷调研，可以看出在疫情等灾难面前，以下问题将制约建筑物的灵活性，影响建筑物的使用功能转换：

制约大型公共建筑灵活性的影响因素一览表 **表 2**

事项	问题	影响	影响程度
规划及总平面图设计	周边环境、交通	影响临时改造、使用期间的设备运输、停放、施工等	★★
	与居民区距离	如作为传染病方舱医院，与居民区过近的距离引发周边居民心理不适，同时可能存在传染风险	★★
	场地标高及建筑标高	影响建筑物的安全性	★★★
建筑设计	场地面积、尺寸	影响承担赛事的多样性，影响战时容纳灾民数量	★★
	出入口数量	当作为方舱医院使用时，影响洁污分区及流线划分	★★★
	通道宽度、高度	影响设备运输、病床进出	★★
	卫生间、淋浴间数量	影响使用人群的便利度及舒适度感受	★★
	建筑物内部分隔墙、装置、设备能否灵活拆装	影响建筑物改造的响应能力	★★
给水排水	生活污水收纳处理	影响建筑物使用	★★

续表

事项	问题	影响	影响程度
暖通	气流组织形式	当作为传染病方舱医院使用时，原有的气流组织形式可能影响污染空气的走向，影响空调系统使用	★★★
电气	用电负荷	决定了能承担多少用电设备	★
通信	网络覆盖	影响使用人群以及临时增加的设备的通信畅顺	★

未来，我们应采用“平战（灾、疫）结合”的策略提升突发性公共事件应对能力。大型公共建筑从规划、设计上就要关注以上问题，以便战时能够灵活便捷地接入医疗设备，迅速投入应用。

二、后疫情时代大型公共建筑的设计对策——如何提高建筑物的抗疫能力

通过对大型公共建筑在疫情中使用情况的反思，后疫情时代的大型公共建筑将会在坚持经济、适用、美观的基础上，增加对健康使用、弹性使用方面的重视；同时新技术、新措施、新工艺和新设备的使用，以及对建筑物使用过程的不断调研、评估及修正，都将成为我们提高大型公共建筑抗疫能力的利器。

1. 大型公共建筑的健康设计

（1）空间布局、设计流线上的健康设计

在短期内，解决方案主要是限制排队人数以及减少人群聚集和接触。包括但不限于以下措施：

① 条件允许时增加出入口及检测区，甚至可以将检测区前置，用于测温、洗手及减少排队人数。

② 根据建筑物规模和需要设置紧急隔离区。

③ 体育、观演建筑在必要时减少看台座席，保持安全的社交距离；航站楼等交通建筑，出于减少空间密度的考虑，可以考虑重新规划或扩大可能有人员等候的区域，增加座位数量，还可以更换其他款式和外形的新座椅，扩大社交距离，以及考虑配置带充电功能的立式扶手和其他灵活座位。

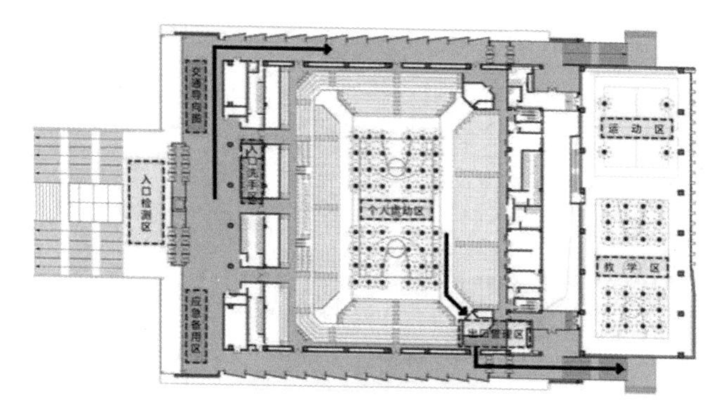

图 2.22 某学校体育馆疫情期间的改造解决措施

（资料来源：疫情当前，图书馆、体育馆、会堂等校园大型空间如何安全防疫？来看这份防控方案！ [EB/OL]. https：//mp.weixin.qq.com/s/VGZZDTYKE5X-3AGr6JJNPW，2020-02）

图 2.23 威斯汀丹佛国际机场候机大厅

（资料来源：Gensler. 威斯汀国际机场及中转枢纽 [EB/OL]. 世界建筑 . https：//mp.weixin.qq.com/s/OxFjLVpHNQxbTiFii8iuxA，2020-06）

④ 设置供单独丢弃口罩等医疗废物的设施及对产生的生活垃圾进行消毒的场所或设施。

（2）提升建筑物健康品质

加强自然采光通风：大型公共建筑在空间、造型和使用需求上的特点，使其在利用自然采光及通风方面具有一定的局限性，更多地依赖于人工照明、机械通风。如体育馆举行竞赛是对风速进行控制，赛后要强化自然通风，两者互为矛盾，这也构成了体育馆等大型公共建筑自然通风技术的难点。然而

自然采光通风对大型公共建筑健康可持续发展意义重大。自然采光通风不仅可以降低日常使用能耗，提高使用舒适度，强度合适的自然通风还能够使室内污染物、二氧化碳和气溶胶浓度迅速下降，是防止交叉病毒感染的最有效措施之一。自然光具有一定杀菌能力，而且给人带来愉悦感，所以自然光本身就是建筑设计中的重要因素。

建筑设计可以通过利用环境合理布局、改善建筑形体、对维护界面进行可启闭的整合设计以及设置采光窗、导光管、导风墙、捕风墙、拔风井、太阳能拔风道等一系列的手法、措施，加强大型公共建筑对自然采光通风的利用。

提高机械通风的洁净度要求：在后疫情时代，为了达到健康的空气品质要求，大型公共建筑可在新风系统中设置静电除尘装置，有效过滤新风中的 PM2.5、PM10 等颗粒物；空调器均配置初效过滤器 + 自清洁中效过滤装置 + 光等离子杀菌装置三级空气过滤净化系统。光等离子可杀菌，同时去除室内异味。通过以上措施确保室内 PM2.5 ≤ 35PPM，负氧离子浓度 ≥ 11000—1500 个 /cm^3。

2. 大型公共建筑的弹性设计

为了应对战时（包括疫情、灾害、战争）大型公共建筑可能承担的功能，需要结合城市规划、防灾策划和建筑设计，由宏观 - 微观地对城市中的大型公共建筑做出统筹安排。理想状态是大型公共建筑在建设之初就做好防灾功能定位，以便后续的投资、设计能够以此为依据和指导。

（1）体育、展览建筑

当大型公共建筑需要考虑改造为应急医院时，就应该在现实约束下为应急医院（极端状态下为传染病医院）的特殊功能需求预留空间位置、设备接口，从选址布局到设备设施都做好一定的“战略储备”。

· 规划用地指标与选址布局的弹性设计

① 用地指标方面应考虑满足应急医院搭建方舱医技部分的用地需求，用地与周边建筑和活动场所有较大距离，场地开阔。

② 项目建设选址可以兼顾考虑与医院 / 专业传染病医院的距离，以便应急医院中出现的重症病人及时转诊。

图 2.24　某体育馆改造成临时医疗中心方案示意图

（资料来源：疫中思策：疫情下建筑和城市的反思与应对 [EB/OL].
https：//mp.weixin.qq.com/s/QLkhCuCbbvdokiXedNiekg，2002-03-05）

③ 周边交通条件优良，周边道路应能满足大量物资车辆、急救车辆的进出。城市高大公共建筑（会展、体育馆等）地块的内部道路应当与城市道路有不同方向的多个接入口，满足患者、康复人群、健康的医护和工作人员等不同的人流；洁净物品、大宗物资、污物垃圾等不同的物流。遵循健康人群与患者流线分开、洁净物品与污物分开、急救与重症转院流线确保通畅的原则。

④ 具体布局设计中应考虑方便方舱医技的布设及其与实体建筑转换成医院功能之后的医疗流线关系，同时相应场地中应考虑与标准化的医疗方舱及搭建方式相匹配的各种能源、通信、给水排水等设备接口位置。如场地预留污废水、废弃物储存空间及接口、场地出入口附近考虑编制救护车冲洗消毒场地等。

⑤ 城市体育、会展建筑出入口设置的缓冲空间、集散广场，在灾时可以根据具体情况承担医疗、避难、物质中转据点或应急直升机坪等功能，因此该类广场在材料、铺装、高差等处理上应该满足安全使用的需求：

首先，地面材料强度要高，可以满足防救灾车辆的使用要求，避免因为重压导致地面龟裂和沉陷。同时，尽量采用可透水的软质地面，以便快速排水，减轻排水管道负担，预防城市雨涝灾害。

其次，外部广场是大量人流汇集和疏散的公共场所，也是主要车辆的流经处。充分考虑平时和灾时各种流线，并对其进行引导设计，避免相互干扰和逆行。

· 建筑空间的弹性设计

①“三区两通道”功能分区方面做到“平战转换”，主功能与临时功能相融合，各功能分区兼容合理，场地出入口数量兼顾主功能及转换功能，满足最高功能需求，能够合理组织洁污、医患、人车等流线，避免交叉感染。

② 利用大空间临时搭建的病区应能尽量实现传染病治疗所要求的“内部隔离功能”，并能合理利用原本应对博览会、体育赛事的大量人流而数量足够的洗浴、卫生间等。

③ 利用体育建筑改造为方舱医院时，要兼顾考虑室外场地与室内中心场地的联系。

如果观众席疏散出口无需经过大台阶直达室外地坪，可以考虑为观众席疏散出口增设通往中心比赛场地的走廊，设常闭防火门并做好方向标识，防止疏散方向错误。改造为应急传染病医院时，开启防火门，实现集中隔离场地与室外临时设施的良好接洽。

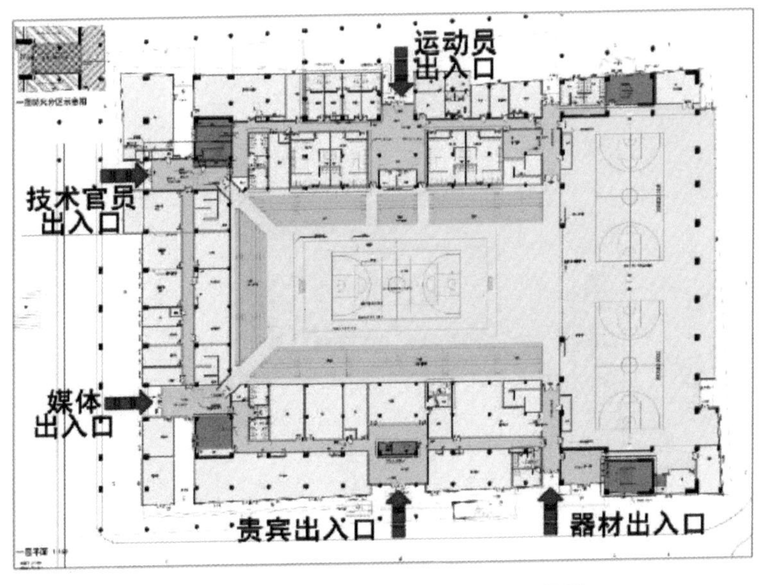

图 2.25　体育馆原始平面——出入口设置

（资料来源：江苏省住房和城乡建设厅 . 公共卫生事件下体育馆应急改造为临时医疗中心设计指南 [S].2020）

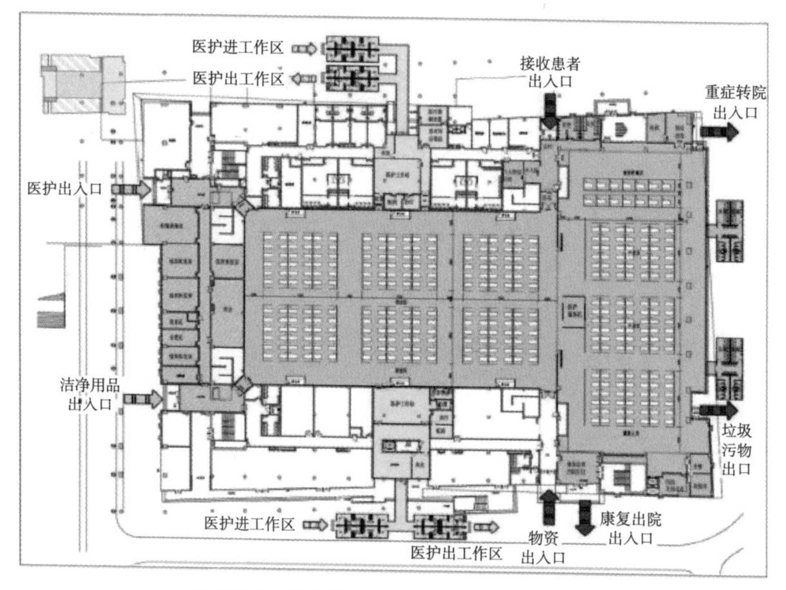

图 2.26　体育馆改造设计——出入口设置

（资料来源：江苏省住房和城乡建设厅 . 公共卫生事件下体育馆应急改造为临时医疗中心设计指南 [S].2020）

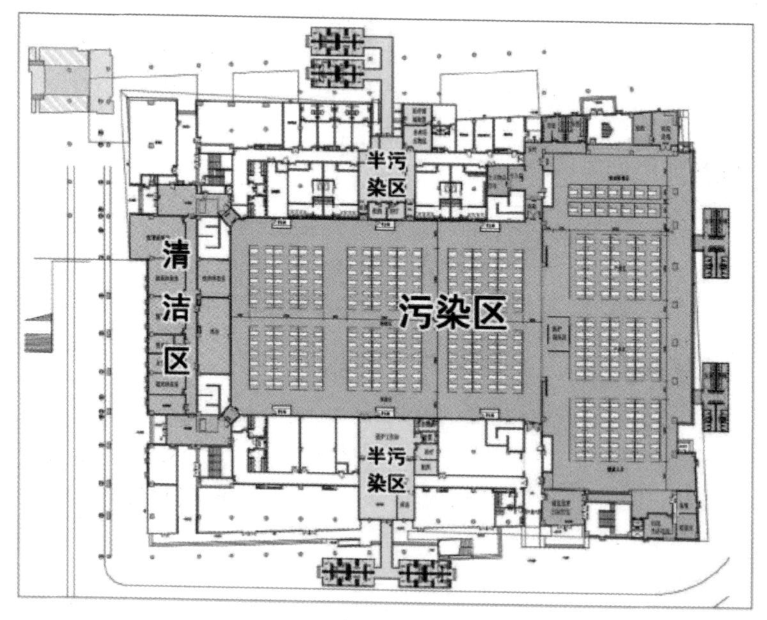

图 2.27　体育馆改造设计——功能分区

（资料来源：江苏省住房和城乡建设厅 . 公共卫生事件下体育馆应急改造为临时医疗中心设计指南 [S].2020）

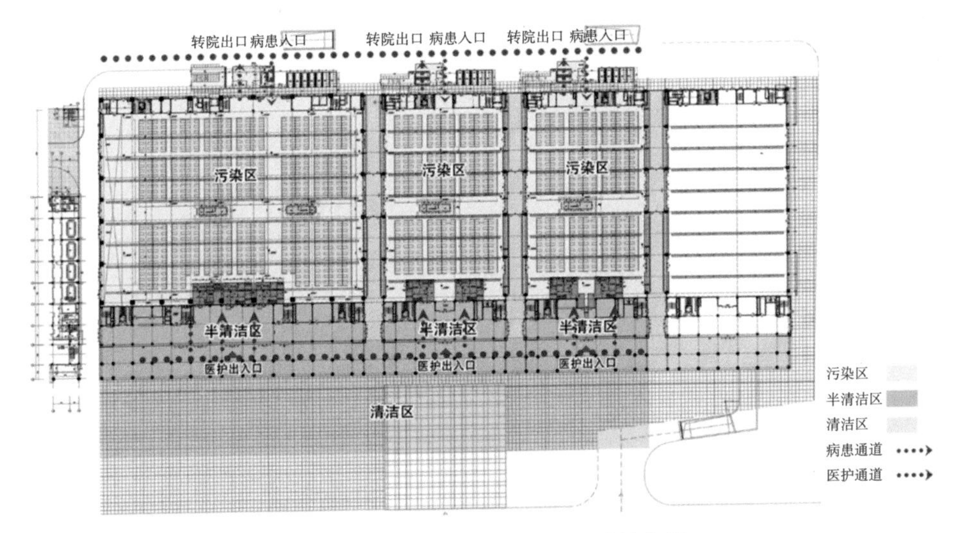

图 2.28 会展中心改造设计——功能分区

（资料来源：中信建筑设计研究院有限公司）

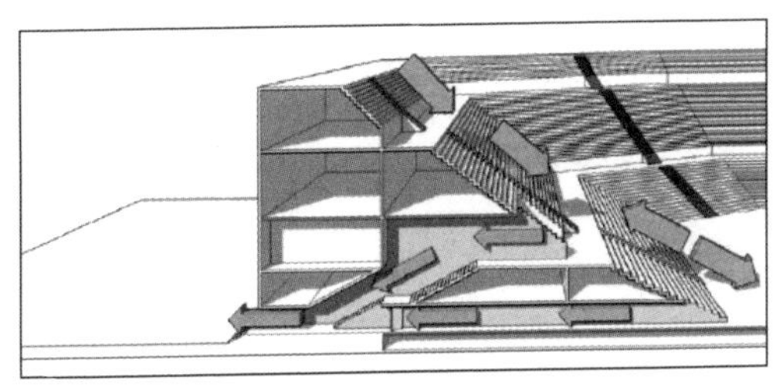

图 2.29 体育建筑对接临时医疗设施的疏散设计示意图（一）

（资料来源：龙灏，薛珂．健康城市背景下大空间公共建筑的建筑设计防疫预案探讨——以大型体育馆建筑为例 [J]. 上海城市规划，2020，2）

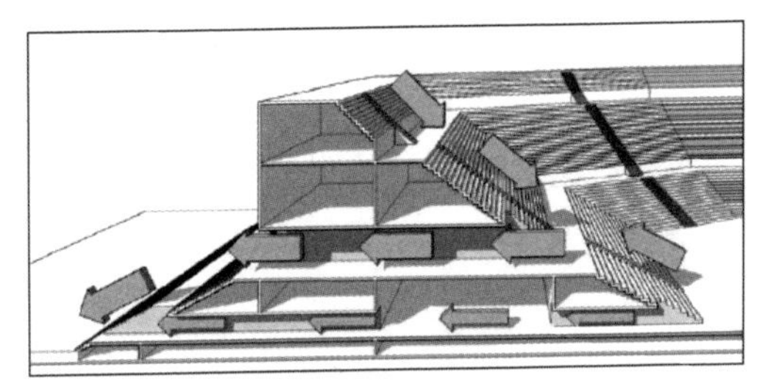

图 2.30 体育建筑对接临时医疗设施的疏散设计示意图（二）

（资料来源：龙灏，薛珂．健康城市背景下大空间公共建筑的建筑设计防疫预案探讨——以大型体育馆建筑为例 [J]. 上海城市规划，2020，2）

当观众席疏散口需要经过大台阶或因其他问题不能直达室外地坪时，可以使用运动员、赛事运营、媒体机构、贵宾等特殊的出入口作为室内隔离场地与室外临时设施的接口。

④ 平战结合的通风空调在设计时应充分考虑战时部分区域的新风设备、空调系统可能会进行调整或增加，确定建筑层高及空间时应兼顾与临时管线的关系，适当留有裕度以便战时快速改造。

⑤ 合理利用自然采光，将是场馆可以快速整备与改装、低能耗运行的一个重要接口。有了良好的天然采光窗系统，通过临时措施将体育馆改为负压通风空间就非常容易。同时，大尺度的室内空间给使用者一个宜人的室内自然光环境，也有助于战时使用的灾民、患者调适心情，早日康复。

⑥ 增强辅助用房通用性。体育建筑的新闻媒体、赛事管理、贵宾、运动员等专用用房可通过平面柱网尺寸、立面层高的设计推敲及其轻质、活动隔墙的运用，构建通用性强的可转换空间，可为避难时不同类型房间的功能转换创造有利的改造条件。一般情况下，通用空间可不改造或通过适量改造，就能对应转化为中长期避难场所所需的大型物资贮存、公共食堂、新闻发布、临时教室、医疗急救单元等面积要求较大的公共用房（见表 3），而且使用环境和使用效果将明显优于室外临时搭建的帐篷或板房。

辅助用房通用性要求一览表 **表 3**

参数要求	类别	公共用房	灾时功能
柱网开间：3.3—3.4m	不需改造，无隔墙时	食堂餐厅	分发食物、统一就餐、休息
		新闻发布厅	及时准确公开伤亡数字、灾情进展
		大型储物间	储存饮用水、方便面、被褥、毛毯等
		信息公共厅	寻人、张贴、公共电话、咨询查询等
立面层高 4.0—5.5m	适量改造，设隔墙时	教室（1 间）	不中断受灾学生的学习教育
		病房（2 间）	灾时有需要的致伤病人或感染病人
		诊室（3 间）	满足整个场所灾民的看病需求

资料来源：吉慧 . 公共安全视角下的体育场馆设计研究 [D]. 华南理工大学，2013.

· 各种设备的技术转换储备

应研究和开发未来面对应急医院转换需求的设备系统和产品，特别是能

满足传统大空间的空调通风与传染病医院各区域的不同需求，尤其是病房的隔离负压需求之间的转换、普通污水与传染病污水排水设施之间的转换等方面的设备设施及其系统。这样的设备系统安装在项目立项建设时就有针对传染病疫情改造可能的相关项目中，才能以有备无患之态面对未来任何的可能性。

（2）交通建筑（以机场为例）

从防疫保持社交距离，“旅客排队间距1m”这一要求出发，对航站楼楼内排队空间、候机空间、候检空间的尺度提出更高的要求。

机场设计对于旅客排队空间非常重视，尤其是值机大厅、安检大厅、国际出港联检大厅等区域，设计上留有较大的冗余度。即使是在要求旅客间隔1m排队的情况下，随着疫情期间航班减少，以及智慧出行技术的应用，放行效率大大提高。现有的设计标准可以满足防疫的要求。

需要注意的是以下区域：

① 航站楼入口

从车道边进入航站楼，需出示健康码，该位置为第一个旅客聚集区域。对于车道边人行道设计需考虑疫情时期的检查措施，适当考虑旅客聚集等候、排队的空间。

② 指廊候机及登机排队区域

按照IATA C类标准，候机区内提供约50%的机型座位数的候机座椅。在疫情期间，如考虑旅客流量不变且间隔就座，旅客候机空间需要进一步扩大。

③ 现场办公区域

值机大厅附近预留一定冗余的办公面积，满足疫情期间各国领事设立临时指挥部的要求。各类检查场地附近的办公用房，需要预留条件改造为疫情的检验检疫用房。

3. 采用新技术、新措施、新工艺、新设备

疫情期间推动了一大批新技术、新措施、新工艺、新设备的广泛应用，有助于减少人群聚集，人员接触。已经应用或可以采用的有以下技术：

（1）无接触场景应用

手机值机、刷脸值机、自助行李托运实现无接触值机托运。未来技术发展，将进一步减少旅客触摸屏幕的机会。

毫米波安检、自助边防检查、自助登机、高速 CT，都将进一步减少旅客与工作人员的接触，从而减少病毒传播的途径。

图 2.31　自助值机、托运、安检：旅客可通过手机值机，或通过 CUSS 机进行人脸注册，数据采集后，旅客通过人脸识别即可办理值机手续和行李托运，更加高效便捷。安检通道每小时能安检 260 人，每位乘客耗时不超 5 分钟，效率提升高达 40%，减少人员排队聚集

图 2.32　人脸识别系统、多模态生物识别系统：面部和虹膜识别将成为乘客身份验证的首选方式

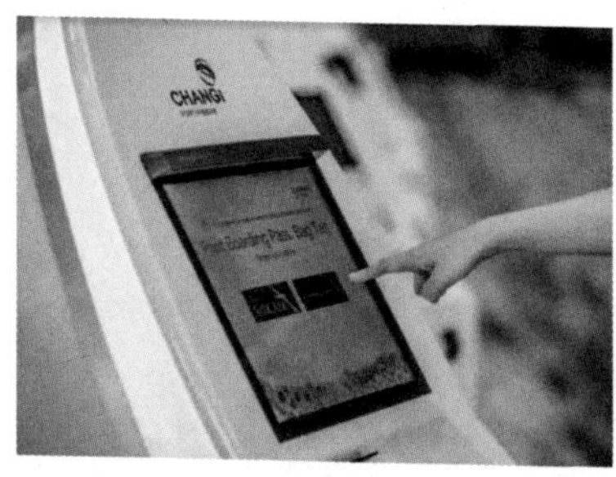

图 2.33　近距离传感屏：自助值机柜台将红外传感器，能够有效追踪手指的动作轨迹。乘客只需将手指悬停在屏幕上方，即可进行无接触式值机和行李托运

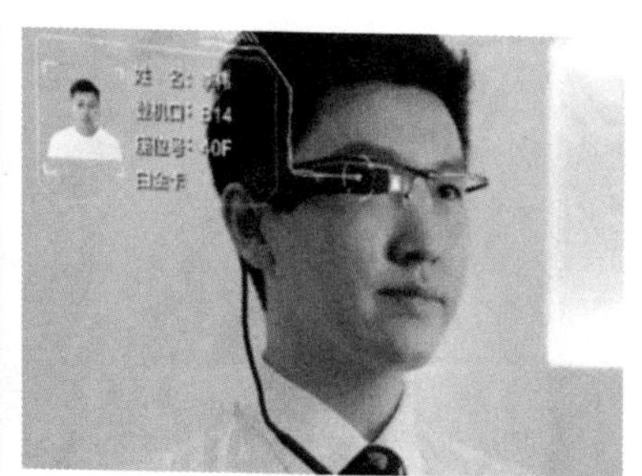

图 2.34　AR 眼镜旅客识别：当 AR 眼镜应用到机舱上，可以很好地处理乘客复核、翻舱减客等工作

（2）出入口智能化管理

无感高精度快速体温测量仪大规模出现在我们日常出行生活当中尚属首次。为防止测量体温带来的人员集中，交通工具涉及的机场、地铁站、高铁站、码头，都已普遍安装无接触、高精度的测量体温的仪器设备。

高精度人脸识别技术与登记注册、门禁闸机等一并使用，主办方或授权的政府部门就能随时获知参会者、参展商、观众的真实身份。应用场景:机场、会展建筑。

（3）空气质量监测系统

公共建筑是人员相对密集、人流相对的空间频繁的场所，可以考虑在公共建筑的典型区域加装空气质量监测系统，并与通风设备实时联动，当空气质量低于特定水平或突发危及公共卫生安全的紧急事件时，系统将自动开启通风系统，同时第一时间示警。

（4）数字化、标准化、装配式的建设

疫情最严重的时候，武汉“火神山”、“雷神山”医院以及一系列方舱医院的高速建成，体现了模块化装配式建筑的巨大效率与优势，而数字化对于标准化、装配式的建造方式是极其有力的支撑。后疫情时代大型公共建筑的设计建造应该继续发挥数字化、标准化、装配式的优势，让数字化贯穿建筑物的全生命周期，记录各项信息；让标准化、装配式应用于可移动设备、辅助用房等合适的场景，让建筑物的弹性功能能够实现高效的模块化转换，能够从容不迫地面对每一次灾难。

4. 建筑使用大数据采集及后评估

大型公共建筑项目耗费巨大的资源和资金，一旦建成投入使用，其使用、运行都将对城市形象和环境、交通、经济、社会和人民的生活产生巨大的影响。2020年疫情期间，部分大型公共建筑临时改造为方舱医院，虽然运行时间短，但是与其本体的建设一样，方舱医院的建设同样耗费大量的资源和资金，其使用及运行也同样对使用者和社会有着巨大影响。改建后的方舱医院产生了良好的社会效益，对武汉阶段性战胜疫情起到了重要的作用，但是我们通过建设、使用过程中的不同声音也能了解到，大型公共建筑的设计仍然有很多值得建设者、使用者关注、复盘和改进的地方。

充分使用后对这些影响进行系统的评价和研究，是公众参与和监督建筑和城市建设的手段之一，为社会公众的利益提供保障。对大型公共建筑进行多阶段使用后评估和目标数据采集分析，可以对大型公共建筑的策划、设计、运维和改造进行全生命周期进行系统、有效指导，使大型公共建筑的弹性设计能够高效落实，是后疫情时代大型公共建筑建设需要关注的重点之一。

致谢：广州白云国际机场股份有限公司、武汉经济开发区先进制造园区、武汉经济开发区建设局质监站协助调研及回复！

2.3　医疗建筑

本部分基于疫情中对既有医疗设施的现场调研和相关文献调研，以及对一线医务工作人员和管理者的访谈，围绕前述若干种医疗设施的建设重点、设计要点和未来改进方向展开。考虑到疫情中不同医疗设施用途大不相同，每种医疗设施在疫情中存在的使用问题、需要总结分析的设计要点也各不相同，下文先将相关医疗设施建设分为四类进行概述，之后再针对建设量更大、服务量更多的、以公立医院为主体的城市综合医院建筑展开更为详细疫情后建设反思论述。

一、疫情下四类医疗设施的建设与设计反思概述

1. 临时建造的应急传染病医疗设施

疫情下，短时期内数量剧增的传染病患数量导致民众产生恐慌心理，继而引发医疗挤兑。传染病定点医院、综合医院发热门诊和急诊挤满了病患，大量疑似病患难以收治进来，致使院内院外均存在着巨大的感染风险。“对于传染病而言，首先是隔离，其次才是治疗。”在病人出现指数级增长前，必须有足够的空间收治他们，实现有效的隔离，最有效的解决方式无疑是紧急建造临时性应急传染病医疗设施。

从应对公共卫生危机的角度来看，2003 年建立的小汤山医院是扭转局势的成功范例。非典时期北京小汤山非典定点医院于一周内建造完成，在有效收治 680 名患者的同时，医护零感染。2020 年新冠肺炎疫情爆发后，武汉市

政府决定启动2003年抗击非典时期的北京小汤山医院模式，运用装配式建筑与施工方法建造的“火神山”、“雷神山”两座应急传染病医院在短短10天建设完成，集中收治了约3000例新型冠状病毒肺炎患者。

这种短时间内能够完成容纳几百甚至上千张床位的医院建设，具有中国特色。近年来国外在应对突发传染病流行的时候也会因床位不足建立临时医院。但是那种医院类似部队打仗时的“野战医院”，建在帐篷或者简易房里，床位有限。

这类应急传染病医疗设施均采用了装配式、标准化建造方式，以满足多头施工、快速建造的急迫要求。此次疫情中应急传染病医院建设的成功，再次向全世界展示了中国装配式建筑的速度与质量，也对未来城市规划提出了要求。即选择合适的既有医院，在其附近预留为应对突发公共卫生事件临时设施建造的预留用地。应急传染病医疗设施选址均邻近既有医疗设施，这样可以与既有医疗设施共享后勤保障设施，如医护宿舍、职工食堂等，甚至共享医技设施，以减少紧急建造的工作量、缩短工期。

由此，针对疫中临时建造的应急传染病医疗设施的设计反思有两点：

（1）将装配式建筑运用于救灾时期的临时公共医疗建筑，或是灾后重建的人口居住场所，向世界其他国家输出装配式医疗建筑是装配式建筑未来转型的方向之一。

（2）未来城市规划设计时，应在城市适宜地段选择适宜的公共卫生设施，结合既有医疗设施功能规划情况，在附近预留疫时建造应急传染病医疗设施的用地，并预留好相应的水暖电等市政管路接口，这些预留用地平时可作为绿地和户外活动场地使用。

2. 作为定点医院的传染病医疗设施

一些地区在2003年SARS疫情后，为应对紧急突发公共卫生事件，新建了一批现代化传染病医院，建设之初就意在采用平战结合模式管理运营：平日对周边居民开放，兼收传染病人和普通病人；紧急时期、战时全封闭，按烈性传染病收治要求运行。如建设总床位500床的杭州市西溪医院，在本次抗击新冠肺炎的战役中，该院果断暂停了普通疾病的接诊，通过建筑功能转换全部投入战时状态。武汉附近的黄冈，曾在“非典”时兴建了传染病医院，但疫情结束后，基本没有后续运营管理。当新冠状病毒到来时，医院完全不具备应对疫情的专业条件。

一些地区的既有传染病专科医院在突发公共卫生事件中用作医疗救治定点医院。如2003年SARS时期首都医科大学附属北京地坛医院与首都医科大学附属北京佑安医院等、2020年新冠肺炎疫情时期的武汉市金银谭医院等。不过，因为传染病的多样性，导致突发公共卫生事件的传染病未必是既有传染病医院擅长的，其建筑设施也未必能完全适用于疫时需求。

例如，武汉市历史上遭遇过消化道系统相关公共卫生事件冲击较多，而2003年给全国造成深重影响的SARS，在武汉的病例不多，武汉的传染病医院更擅长医治与消化道系统相关的传染疾病，金银滩医院此前主要负责医治肝炎患者、小型禽流感的防治，这些传染病医院的设计并非全部面向经由空气传播的烈性传染病。因为无法满足当前新情况下传染病的诊治需要，所以2020年新冠肺炎疫情爆发时，武汉传染病医院作为收治新冠肺炎患者的定点医院，就需要进行不同程度的紧急改造。

2020年新冠肺炎疫情中，确诊病患中传染病危重病人对氧的要求很高，需要高流量吸氧。而既有传染病医疗设施缺乏中心供氧的管道系统，或供氧不足，给临床救治，尤其是危重症患者的救治带来了很大的影响，需要预留疫中临时建造制氧站或使用液氧的存储空间与搬运通路等。

若传染病医疗设施主要为消化道传染病设计，则缺乏中心供氧的管道系统；若医疗设施主要为普通病患设计，则因疫中呼吸道传染危重病人短期内对氧气供应需求暴增，原有管道、制氧设备供氧不足。例如武汉红会医院中心供氧的水平在疫情下只能达到正常需求的60%—70%，而“医生就算尽全力，设备都上了，但是氧不够，就相当于没有子弹……你就没有办法作战”。

综上，疫中传染病医院改造的主要问题与设计反思：一是针对空气传播传染病建造的诊疗用房在非疫情期间要加强维护，提倡建设“平战结合”综合医院而非建设专门应对疫情的传染病医院；二是针对非空气传播传染病建造的诊疗用房在疫中使用时供氧不足或缺乏中心供氧问题，需要预留疫中临时建造制氧站或使用液氧的存储空间与搬运通路等。

3. 开设发热门诊等的综合医疗设施

设置有发热门诊或传染科的城市综合医院，在疫情期间担负着筛查病人、并将疑似病人转诊至定点医院的任务；在疫情下，需要院区相应设施周围有充足的能用于分区与分流的空间，划分空间的过程其实也是规范防护的过程。针对疫情下医院严格分区的要求，需要将传染病及周边区域划为红区（污染区），与其他相对污染的区域以及洁净区域分隔开；针对疫情传染病诊治新需求，有的综合医院发热门诊有改扩建需求，如北京友谊医院在2020年新冠肺炎疫情爆发后用一周的时间快速加建了方舱CT，作为诊断发热病患的重要手段。

在这类医院中，疫情下院区会根据防控需要进行分区和分流，关闭部分出入口，在开放的出入口口部临时加建筛查点；除了发热门诊用房进行局部改造外，还需要在院区为发热门诊的医护工作人员提供临时住宿场所等。

这类医疗设施在未来规划设计时，需要注意：①疫时院区能根据防疫管控进行分区与分流：需严格分隔发热门诊、传染科与其他区域，严格分隔发热门诊、传染科病患在院区出入的流线等；②发热门诊和传染科周边预留扩建空间。

4. 医治非传染病患的普通综合医院

医治非传染病患的普通综合医院，需要研究突发公共卫生事件时医院如何确保医治环境的安全性问题。2003年SARS与2020年新冠肺炎疫情爆发初期，SARS患者和新冠肺炎患者在未确诊前都在普通综合医院进行诊断和治疗，当时普通综合医院建设存在着空间布局滞后、布局散乱、流线迂回、“好高骛美”、忽视功能等不良倾向。貌似现代化的医院建筑总体上存在着许多与“现代化”不相适应的现象，这对防止传染病的传播非常不利，甚至带来致命的后果。SARS危机中大面积的院内感染已凸显这一问题。

因此，普通综合医院除了必须应对自然灾害、事故灾害、暴力恐怖等，还应该把应对急性传染病一并列入必须承担的任务中。为此，需要研究突发公共卫生事件对医院建筑规划与设计的影响，将建筑设计与医疗运作需求结合，注重医院建筑弹性设计、完善医疗救治体系的规划与建设需要等。

疫情下，普通综合医院除了收治新增传染病患外，还要提供其他社会医疗服务，保证医疗机构的正常运营，为非传染病病患的诊治提供安全场所。除了疫情中心城市之外，全国其他各大城镇均有大量医疗设施需要在采取必要防范的措施下正常运营，满足百姓的日常医疗需求；而且，从数量和服务量上来看，这类设施占据公共医疗设施的主体。

如果未来疫情防控常态化，那么非常有必要思考新形势下占据医疗服务设施主体的普通综合医院建筑未来的设计与改进。因此，下文针对这类医疗设施提出后疫情时代的设计改进对策。

二、新形势下城市医疗设施设计提升对策

1. 总体规划中预留突发公共卫生事件时使用的场地

规划部门在审批医疗设施建设指标、建设完成时开展验收工作时，需要严控医疗设施建设的建筑密度和容积率等指标。为便于医院在疫情下进行临时功能调整、增设疫情防控临时设施等，医疗设施在建设时建筑密度不可太高，在总体规划中预留发展用地。否则，不便于疫时使用。要知道，“避免院内医护人员与患者的交叉感染，除了充足的防护物资，还需要足够的转圜空间，只有这样才能将病毒牢牢约束在划定的空间之内。物资的问题一直备受关注，后者也同样重要，而这恰恰是很多定点医院无法达到的。”

例如，疫时需要在医院出入口搭建户外检疫筛查点，发热门诊用房需要临时增建医技用房，院区中需要隔离设置传染病患进出医院的路线等，因此，医疗设施在建设时建筑密度不可太高，在总体规划中一定预留发展用地。

2. 医院院区和各功能用房的建筑口部预留充足空间

首先，医院院区的主要出入口需要充足的空间，不仅要考虑疫中集中人流疏散、分流的使用空间，还要考虑疫中室外人群筛查点的使用空间。在疫情期间，为严格控制医院人员出入、对每位进出人员开展防疫筛查工作，医院不仅会封堵次要出入口、减少出入口数量，还会在疫中使用的出入口附近的室外空间搭设初步筛查点，分流患者。因此，疫中使用的主出入口人流量增大，加上筛查设施的空间，所需空间比以往规划设计时仅考虑人流疏散更大，这些都要在规划时予以考虑。

其次，医院内医疗用房的出入口宜宽敞，但不宜过多。根据笔者在疫情中对既有医院使用情况展开的调研，医院医疗用房的口部在疫情中有更衣、门诊预检分诊等使用空间，用以满足医务工作者戴口罩、更换工作服、回收

污染工作服，以及来访人员洗手、填报流行病学调查表格等需要，因为这些都在医院门口附近完成，所以需要预留充足的建筑空间。

除此以外，有条件的医院建设可以依从医疗建筑设计专家朱希女士的提议，“在医护人员专用电梯厅前端和传染病人电梯厅前端各设一组入楼洗消区，经换鞋、一次更衣、淋浴洗消、二次更衣四道程序后方可进入清洁的电梯厅，以保障电梯空间的洁净。”这是因为，“电梯井是贯穿整幢大楼各层的，如果电梯井道和电梯轿厢及其中的空气被病毒感染是极难消灭的；当病人和医生分别由各自的电梯厅出来进入病区时，再进行一次简单防护处理，经吹淋、穿套防护服，就可省却每层楼的淋浴冲洗间，节约上下水管线设施，少占用建筑空间，为平时使用提供了方便”。但出入口又不宜过多，否则也会增加运营的人力和物力成本。

3. 结合信息化建设，优化建筑功能布局和就医路线

我国医院建筑布局以管理效率为中心的现状亟待转变。医院以管理效率为中心由来已久：随医学发展，医师从自雇变为受雇，从自由职业者变为医院的工作人员；医师提供的医疗服务，在医院中也逐渐产生了变化。医院为便于管理，开始采用类似工厂流水线的分工作业方式，把病人需要的医疗服务切分后，分类集中设置。医院的医疗服务目标由此异化为管理效率。

我国公立医院建设大部分都是围绕“管理效率”进行三分式布局，即采用医疗主街连接门诊、医技和住院的“三分式”布局。在这种布局中，门诊部的医生只管为病人进行初步诊断，并开具检查单据，查看检查结果等；医技检查部门的医师只负责检查，出具检查报告；医技治疗部门的医师根据门诊医生确认的治疗方式为病人进行治疗服务……只不过，与工厂流水线采用自动输送带运送待加工物品不同，大部分病人需要在流水线上往返“输送”自己，有时则不得不由护士和家人“输送”。病人就医行程随医院的复杂化、规模扩大而变得复杂而冗长。

医院建筑中复杂冗长的就诊流程是当代医疗建筑中突出的问题之一。笔者曾就患者最在意的医院建筑使用问题做过调研，复杂的就诊流程列于使用问题榜首，50% 的受访人认为医院建筑亟待改善之处是“就医流程”。其中大医院、老医院普遍被认为就医流程复杂、路线长；有医生反映老年人在大医院

中不容易找到目的地。此外，一些轻微症状如感冒患者，以及在小医院就诊的患者也同样反映，因为医院手续太复杂而使就医行程变长，加上寻路不顺利，令人难以忍受。

如果说平时患者就诊过程中往返次数过多，带来的主要问题是就医感受不佳，那么在新冠肺炎疫情下，复杂冗长的就诊流程会将众多病患和医务工作人员置于院内感染的危险境地。此次疫情以来，网络发布了很多新冠肺炎确诊患者在医院中的活动轨迹，提供了很多患者在医院中数次往返的例证。如天津市第 70 例确诊患者田某致使 973 人被隔离。这名 34 岁的男子因发烧、咳嗽持续一周，前往天津武清区人民医院发热门诊就医，他在医院里来回奔波 2 个半小时后终于住上了院，期间先后在医院的 11 个空间里停留过。

在“三分式”传统布局基础上优化流程，减少病人在医院中的往返，避免潜在的院内感染风险是疫情后医院建设亟待解决的问题之一。上文所述天津武清区人民医院整个院区封控后总结道：“发热病人的鉴诊，如需进行进一步检查，比如 CT、B 超等，一定要与普通门诊和病区隔离，坚决不能离开发热门诊的防护范围。”笔者认为这还不够，未来改进举措中还应结合信息技术优化就医流程，提倡“一站式服务”，以减少病人往返次数。

下面列举一些可操作强的流程优化措施：

（1）通过与医保部门沟通协调，减少病人必须到窗口刷卡缴费环节。

（2）通过在线办理预约手续，减少病人往返医院环节；

（3）通过分散设置一些检查用房，缩短病人就医行程。如采血、B 超和心电图等检查用房分散到各层，与门诊诊区相邻设置。

（4）通过提升部分医技科室的服务量，匹配门诊服务量，减少病人看完门诊当天无法做检查的问题。门诊开出的单子大于医技检查量时，病人就得预约检查，改日再来医院检查，造成多次往返医院。

（5）通过改造既有医院寻路设计，结合手机 APP 导航，病人少迷路、少跑路。

4. 减少共享空间，设置各区独立的垂直交通与水平交通

为应对人流量超负荷难题、节约医院运维成本或改善医院内部空间康

复环境等采取的设计方式，在疫时存在传播呼吸道传染病病毒的潜在风险，如医院建筑开敞的公共空间中大量人群聚集、停留问题，以及设施共享带来的交叉感染风险。建筑师通常采用宽大的医疗主街解决医院内部大量人流的通行问题；并设置宽敞的挂号、取药大厅和等候大厅供大量人群停留。

为降低运维成本，建筑师也常沿医疗主街布置多个功能部门共享的楼电梯厅和卫生间等公用设施；建筑师在功能分区上，也会考虑到医院为节省投资、减少医疗设备重复购置或便于统一管理，将价格昂贵的大型医疗影像诊断设备（如CT等）集中设置在一个区域内，供多功能部门共享等。

为了营造宜人的内部空间环境，医院建筑门诊部多用中庭或内天井设计。这种建筑内天井在新疫情下存在呼吸道传染病病毒的跨楼层传播的风险。这些设计手法在疫中可能会变成传播病毒的温床。例如，共享医技设备区则因扩大了传染性病毒潜在携带者的活动区域而增大了他人的院内感染风险。

综上可知，疫情后有必要改变既有通行好用的这类设计手法，思索新的替代方式。

5. 标识系统要便于疫情期间灵活调整并能新增信息

患者在陌生医院空间就诊过程中，寻路（way finding）不顺利是常态。北京同仁医院工作人员表示，大量患者在医院中无序流动，原因是不知道“我在哪儿？我又该去哪儿？怎么到那里？”友谊医院工作人员的调研表明，病人焦虑的主要原因就是这类问题太多。

疫情下，医院采取的管控措施，常包括临时关闭出入口、临时调整就医流程等，调研发现，医疗用房入口大厅的地面、周围环境，因为疫情设置的口部筛查临时设施遮挡，原有的标识导向系统使用不了，导致疫情下就医寻路困难。病人进门口80%以上都要去咨询台咨询手续、楼电梯位置等信息。

因为造成了疫情下既有标识系统不便于使用，加上临时调整的就医流程和就医路线，无疑为患者的就医体验雪上加霜。因此，标识设计需考虑便于疫情下进行临时调整，便于设置的临时标识，避免因通道封堵致使就医民众多走路、走错路。

6. 急诊部建筑的弹性设计需纳入新疫情的使用需求

首先，既有急诊部弹性设计应针对呼吸道传染病的救治需求增添新的设计内容。以往的急诊部弹性设计中，多强调应对地震等突发自然灾害或突发公共事件时扩大救治规模的需求。例如，平时为单间的留观室，在灾害发生时，能去掉隔断改造成规模更大的集中救治场所，但这种设计对策在烈性呼吸道传染病时期就不可行了，救治呼吸道传染病患的场所需要空间分隔加负压气流控制。

其次，急诊部口部空间设计也需要调整。武汉某医院呼吸与重症医学科专科护士长说，“急诊科医护人员感染的原因主要在于其工作强度大，临时搭建的穿脱防护服的地方也不很规范。”因此，急诊部主出入口口部空间需要调整以容纳体温检查，医务人员出入口需要容纳更衣通过的空间。

此外，既有急诊部建筑设计一般都考虑快速抢救病人设置开放的、快捷的进出通路，但疫情下这反而影响了院感控制工作。例如武汉的中南医院，疫情之下，该医院急诊科抢救室本来要用来收治普通重病患者，收治新冠肺炎患者的区域设置在另外一个地方；因为急诊科抢救室设置在急诊科门口，疫情中很多家属和病人来了就直接冲进抢救室，他们之后，有潜在的新冠肺炎病毒感染者，抢救室就这么被污染了。因此，需要在设计之初，就要考虑急诊部对人流进出的有效控制问题。

7. 尽可能采取医患分区、分流的“双区双通道”平面设计

医患分区、分流的“双区双通道”平面设计，即医生护士办公休息区域与患者等候就医区域分开，医生护士与患者流线分开，不仅利于减少交叉感染，也为医生在医患冲突的极端情况下逃生提供了通路和容身的安全环境。新冠肺炎确诊患者、金银潭副院长黄朝林回想自己感染的原因，很大可能是因为他换下防护服、摘下口罩从门诊回办公室过程中，跟两名未戴口罩的新冠肺炎病毒携带者交谈了一会儿。如果医患分区、医患各有自己通道的话，医生脱掉防护时就能避免这种情形。

8. 其他

医院每层均增加设立独立的应急防疫区、消毒间，增加洗消间、医疗废弃物暂存间的面积等。

三、新形势下医疗建筑未来发展趋势

1. 在医疗服务系统的协作中开展医疗建设

随着医学信息科技发展，未来医疗服务的国际发展趋势是将重心从医院向家庭和社区转移，更强调医疗服务网络的社会协作。此次新型冠状病毒肺炎疫情暴露出中国医改滞后的困境：我国目前分级诊疗体系尚不完善，患者习惯在大医院看病，大医院“人挤人”“跑断腿”，增大了院内交叉感染风险。全球卫生问题高级研究员黄严忠指出，此次疫情暴露出的最大问题，“表面上看是政府的统筹调度有缺陷，本质上，还是中国医改滞后的困境。在中国，分级诊疗的体系一直没有建立起来，以前说要把医疗资源下沉，比如三甲医院和基层的医院搞联合体（医联体），但效果不好，老百姓有病还是往三甲医院跑。”

医改滞后的困境，不仅表现在医疗机构救治病患的医疗服务中，也表现在医院建筑的使用过程中。大医院建筑过度使用，常年超负荷运转，人满为患，工业思维下的医院建筑布局使得患者就诊流程复杂冗长，针对患者人流量大的医院布局模式，在平时就医体验不佳尚且罢了，在呼吸道传染病疫情下就是危机四伏，置患者和医护人员于险境。

黄严忠希望通过这次新冠病毒事件，把中国医改滞后的问题进一步凸显出来，未来推动医改继续前行。医改前行，也将为中国医院建筑的良性发展带来重大转机：医疗资源下沉，将轻微病症患者的医疗服务向社区转移，减少使用医院服务的患者人次，之后，医院建筑布局才能从强调“服务效率”的工业思维转向后工业思维，围绕病人所需，真正实现关怀病患、家属和医护人员的“以人为本”空间设计与运维，更好地服务于平疫结合医疗需求。

2. 基于科学的设计研究依据开展医疗建设

近年来我国医院建设总量、体量和规模虽然在迅速扩张，但建设量与设计研究投入却不匹配。我国当代医院建筑设计实践以“移植”西方经验为发展基础，与医院建筑设施耗费的巨额资金投入相比，本土医院设计研究投入严重匮乏，研究与设计实践也存在脱节现象，因此，我国医院建筑一直非理性发展，“尚有大量难题亟须解决”。

疫情下的医院建设，暴露出既有医院建筑的一些设计短板，新老问题交织。为严控病患就医流线，降低院内交叉感染等，目前急需开展各类研究，为循证设计（Evidence-Based Design，EBD）提供设计依据。循证设计在国际医疗建筑设计领域已如火如荼地开展了近40年，EBD强调实证数据在建筑师设计决策过程中的重要性，并要求业主也要知晓这些知识以协同进行设计决策。

新疫情中暴露的综合医院建筑设计短板引起了各方的重视，如北京相关政府部门已联合建筑设计与研究机构行动起来，为改造既有综合医院建筑、更好地应对重大突发公共卫生事件而开展深入的设计研究工作。笔者有幸参与其中，深感此次医院建筑领域“自上而下”的行动，预示了我国医院建筑新发展契机的到来。

2.4　教育建筑

一、对于疫情影响的反思

1. 2020年年初在我国爆发的新冠肺炎疫情，对经济支柱产业的建筑业产生了巨大而深远的影响。建筑行业中类别众多，其中的教育建筑，属于全民教育的基础设施。教育建筑在疫情期间使用停滞，甚至是关闭，对广大学生的学习及教育产生的影响非常大，比如学生的心理问题、教育升学的延续问题、教师的停工问题以及家长的焦虑和误工问题，进而演变成一系列社会问题，致使我们要对教育建筑的设计进行全面反思。

2. 目前教育建筑设计未考虑如何应对疫情来临时的需求，可能存在一些不能满足疫情期间使用需要的设计问题，比如校园规划中入口需设置检验检疫流线，需设置更多可靠便利的卫生洁净设施等，通过反思这类问题，提高未来教育建筑设计的灵活性，以适应疫情时的使用要求。

二、疫情后教育建筑的设计策略——如何做到平疫结合

如何使教育建筑既满足平日各类教育活动的使用，又满足疫情等特殊时期的教育活动正常进行，做到“平疫结合”，将教育建筑这类公共资源的利用率提高到最大限度，需要建筑师认真梳理和研究。同时，一些疫情期间重点

防控的，有稳定的高度聚集人群的建筑类型（例如集体宿舍、监狱等），与学校建筑具有相同的特点，亦有部分可作为借鉴。

三、疫情后教育建筑的设计思路——健康安全是主题

1. 立项策划

（1）班、级、学生及教师人数设定标准优化

根据《中小学校设计规范》GB 50099—2011，在一般情况下，完全小学每班 45 人，非完全小学每班 30 人；完全中学、初级中学、高级中学每班 50 人。在课桌椅布置上，中小学校普通教室课桌椅的排距不宜小于 0.90m，纵向走道宽度不应小于 0.60m，即每人每桌占地面积为 0.54m^2。

疫情期间则要求每人每桌间隔 1m，即每人每桌占地面积为 1m^2，约为一般情况下的 2 倍。据此，疫期每班人数应为：完全小学 23 人，非完全小学 15 人；完全中学、初级中学、高级中学 25 人。

综合考量平时教育建筑的空间使用率和疫情期间对安全隔离需求的迅速响应，建议各班人数优化为规定人数的 75%，即小学应为每班 34 人，非完全小学应为每班 23 人；完全中学、初级中学、高级中学应为每班 38 人。

（2）优化布局与建筑设计

在用地布局上，体育建筑设施中的风雨操场或体育馆的出入口宜考虑平时对公众开放，疫时可作为紧急避难场所使用，同时内设卫生间、淋浴间等。

在建筑设计方面，应增加隔离用房，并且合理划分清洁区、缓冲区和污染区，配备充足的隔离基本设施。图书馆内设置相对独立的自习室以及教学设备齐全的小型会议室，平日作为学生独立学习或讨论问题的场所，疫时则可用作小班教学的课室，以解决因各班人数规模变化导致的教室数量不足问题。

（3）多样化教学模式和管理模式

在教学方面，将单一的面对面线下教学模式转变为线上、线上线下结合和线下多种教学模式综合。如疫时可采用单双日线上线下分班轮换上学，尽可能地保证教学进度和教学质量，同时也可保持师生间必要的联系。同时，学校应增设教学及教学辅助用房内的数字基础设施和线下教学非接触设施。

在管理方面，细化学生生活管理与后勤保障安排，包括进校健康检测、

就餐安排和住宿安排等。如饭堂就餐，在疫时实行配餐制，尽量避免人群集聚。

2. 规划与总平面

（1）合理规划布局，创造良好小气候

① 结合学校用地的地形、地势，按教学区、生活区、行政区、体育活动区等进行规划布局。

学校功能区划分根据教学功能需求结合地形及相关因素进行规划。普通教学情况下，强调功能分区，人车人流，营造校园环境；疫情情况下，增加新的要求，能够方便管理，各功能区既互相独立又保持联系。

随着学校规模扩大及教学功能变化，学校单体以功能区划分，教学区由教学楼、实训楼组成组成，生活区由宿舍、饭堂等组成，行政区由办公楼、行政楼组成，体育活动区由风雨球场及室内运动场馆组成。学校内部道路人车分流，学生日常活动以步行为主。疫情下，封闭式管理，更强调功能分区，对学校环境要求更高；美丽的校园环境能够充分缓解老师、学生的压力，合理的功能使教学环境继续进行；当社会对方舱和集中收治有需求的时候，学校的室内体育馆场馆又能够满足社会的需要。学校功能区的合理分布，能够保证疫情下的学校活动有组织、有计划地进行；各独立功能区可以根据疫情环境改造使用。

② 建筑群疏密相间，合理改善室内外通风效果。根据夏季与冬季主导风向差，采用合适的建筑布局组织通风。

合理组织院落开口方向，满足功能需求、各自独立且通风良好的效果。

学校各功能区更强调自然通风、布局合理。学校规划过程中避免高密度的建筑单体，各单体尽量保持一定的室外活动空间；教学楼等集中场所尽量做到首层架空、开敞外廊；宿舍楼等生活场所尽量做到每个宿舍的朝向与通风合理。随着社会需求的变化，学校建筑也出现了多种形式，但是合理的功能布局要求是不变的，新的建筑形式应该与功能相结合，合理布局，满足自然通风、绿色节能等要求。

学校广场与绿地规划在疫情中会受到进一步重视，设计过程中更强调其功能性，使之能够满足疫情中学生的室外活动。学校广场与绿地能够改善环境，将新鲜空气引入各建筑物，尽可能地减少教学室内活动的交叉感染。

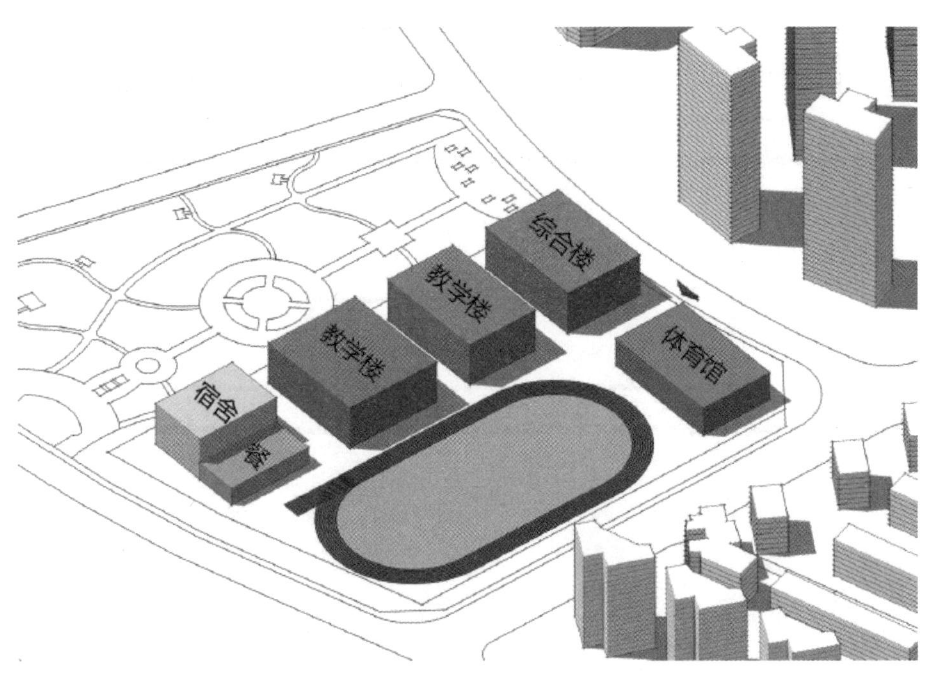

图 2.35 独立功能区

（资料来源：作者自绘）

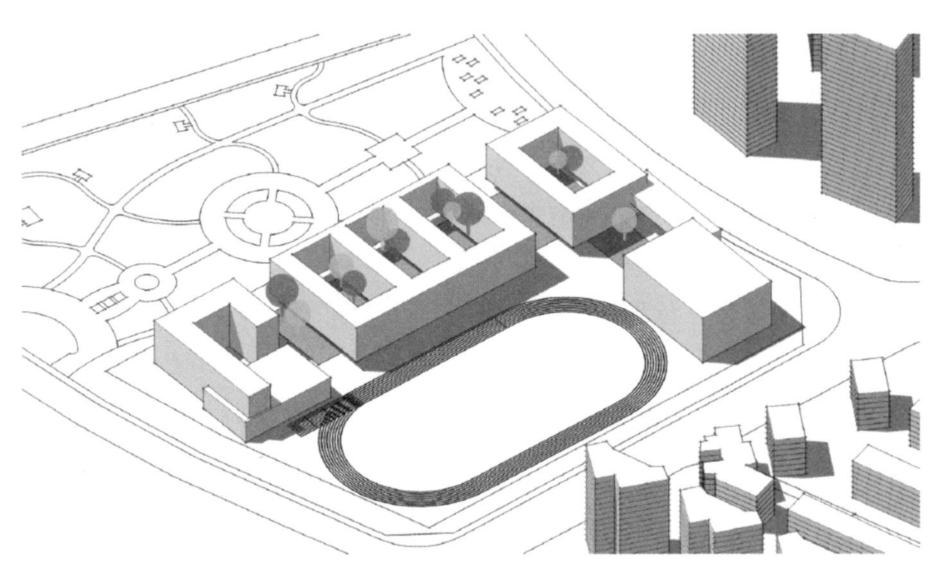

图 2.36 增加庭院——改善环境

（资料来源：作者自绘）

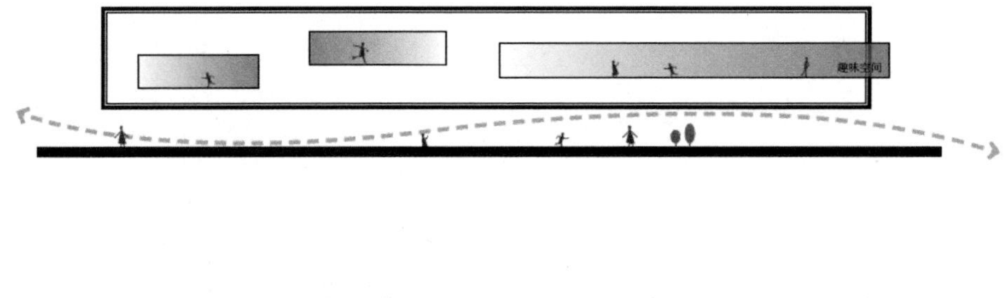

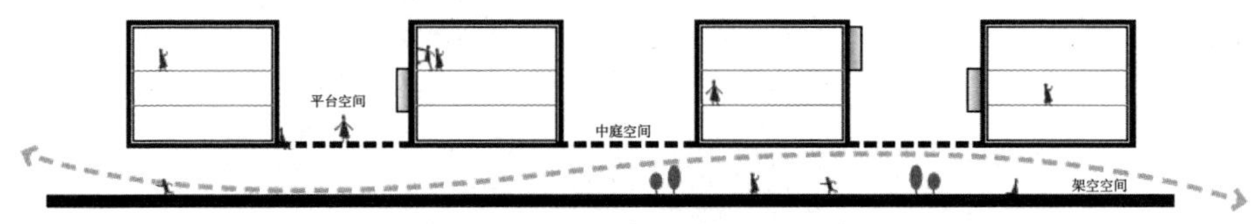

图 2.37　底层架空——有利通风

（资料来源：作者自绘）

（2）疫情期间大型校区人员管理模式及物流接收方式

① 疫情期间各区域分区分级管理，学生、教师、后勤人员、行政人员活动区域各自独立，减少接触机会。

疫情下，各功能区互相独立，各自进行相关活动，能够有效控制不同功能区的人员流动。学生从不同功能区活动的时候，能够保留轨迹，方便出现问题时进行查询。如果某个功能块的人员出现感染，可立即切断该功能区的人员流动，并对疑似感染人群进行隔离及场所杀毒，有效切断感染源。

② 校区入口人流规划（学生、教师、接送家长等）

疫情下，学校出入口的功能非常重要，是切断传染病毒进入学校的关卡，是保证学校健康安全的第一道屏障。未来的学校规划，学校入口需要满足检查消毒的功能需求，预留一定的功能空间，设置室外工作人员活动场地，设置室外临时发热人员隔离区及室内隔离观察室。隔离观察室单独设置，有单独出入口，通风采光良好，消毒清洁方便，有单独卫生间；需要专门管理，防止学生误入。与隔离室配套的生活垃圾收治区，按照医疗废物处置，标识清晰明显。

学生：校区入口有较大的集散广场，避免人群过度聚集；入口处有清洁、洗手、测温等相应消毒区域。

教师：与接送家长流线分离，从入口开始至工作区域有独立流线，便于监护学生。

接送家长：入口处设港湾式停车区域，设立足够临时停车位。

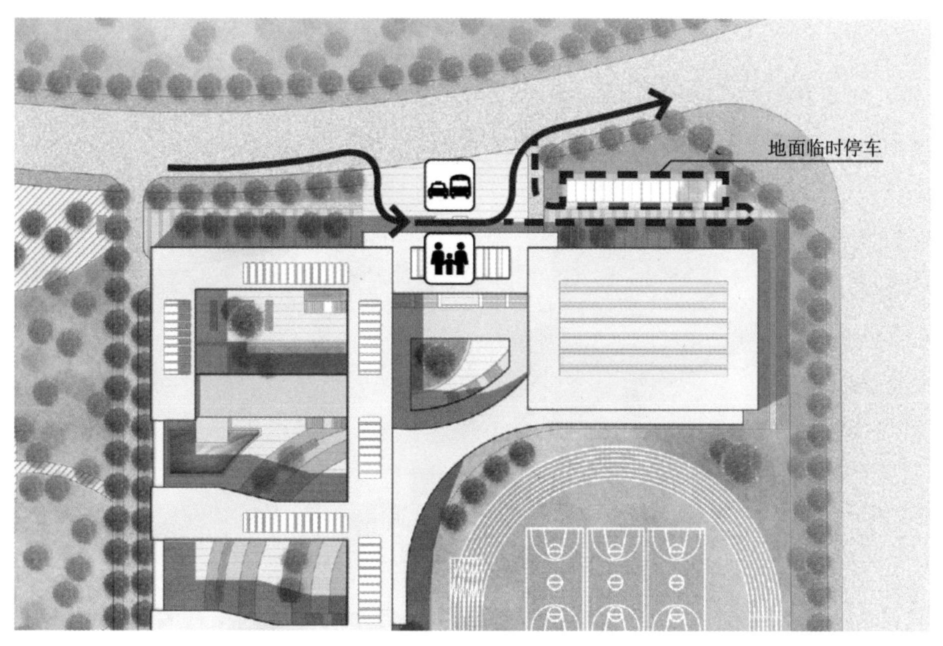

图2.38 入口接送

（资料来源：作者自绘）

③ 生活服务及后勤区的物流接收方式

后勤区设独立出入口和独立车行环线，并且与教学用房保持一定的距离；使其在疫情期间，独立成区，有相应消毒及隔离区域。在出入口设置物流暂存用房或有盖顶的半室外空间，设置一定数量的叠放货架，方便疫情时收发快递使用。

疫情下，学校对外的物流活动是学校管理的漏洞，容易将社会感染源带进学校，因此有效管理对外的物流接收活动非常重要。饭堂及相关供应需求，需要设置单独的入口，同时设置消毒检查区，学校规划过程中就要预留一定的空间，方便消毒检查设施摆放。对于快递及外卖等物品，需要专门设置一个位置，方便管理，学校规划时也要预留空间，方便消毒及检查；同时快递等物品存放区要与学校建筑单体保持一定的距离，防止外来物品携带病毒传染。

3. 建筑设计

（1）建筑入口人流管理

① 从校园规划整体考虑，预留管理上的高效单一流线，方便非常时期的管理。设置一二级入口管控，将校园出入口作为一级防控点，关闭不必要的校园出入口，严格防范感染症状人员进入校园。二级防控为建筑出入口，宜设置疏导，设置只进和只出的门，采用人流单行进出的方式；防控内容为学生宿舍楼，公共教学楼，图书馆等人员密集场所出入口，入口处设置健康监测点；

② 可适当考虑加大学校入口区的面积，预留检测防疫点的空间，应对非常时期的集中回校。亦可以结合医务室及隔离观察室就近设置，并建议有独立对外的出入口和良好的通风条件。

（2）学校功能房间配置优化

功能房间内部布置以简洁为主，尽量减少阴角空间出现，减少积灰尘的机会，方便清洁，有利于室内的自然通风。为使功能房间保持清洁，建议把辅助功能配置（如洗手池、劳动工具间、储物间等）与功能房间隔离。

针对具体功能房间而言，教室主要增加线上教学设备和非接触教学设备。音乐教室、美术教室、实验室在设计时适当增加可移动的课桌等配置，如空间面积较大，可配备独立卫生间。

（3）教室、报告厅、饭堂适当加大建筑面积和使用人数比例

① 普通教室的面积，包括课桌间距和前后黑板距离等指标，在相关规范中都有尺寸要求。在实际使用过程中，由于每班人数通常比规定人数多，再加上现在孩子们的身高普遍较高，课桌的间距会变得更加紧张，更不容易满足疫情当下要求的 1—1.5m 的卫生要求。在特殊时期，应考虑桌子摆放的灵活性，设计适合单人单桌的布置方式，调整课室试用尺寸，利用增加空间的宽度，拉开桌子之间的距离，减少人与人之间直接接触的机会。

图2.39 教室布置

（资料来源：作者拍摄）

② 报告厅等大型公共场所应合理确定每栋建筑的最多使用人数（建议按照可使用面积不小于 $10m^2$/人来计算），采用预约制，严格按照使用人数上限控制，错峰进入。设置入口检测区、过渡分流区、内部交通标识导向图、出口管理区和应急备用区。

③ 餐桌摆放在中间，周边留有通道，形成洄游空间体系，扩大使用空间的体验感受，同时也结合使用效率思考增加的度，以免造成无必要的浪费。特殊情况分多批学生使用就餐，减少同时就餐人数。学校食堂对后勤物资的运输严格把关，洁污分流，严格区分后勤流线与使用流线。

图2.40 食堂布置

（资料来源：作者拍摄）

（4）增加隔离的用房和设施

隔离用房按照其使用情况分为常用隔离用房和临时隔离用房。

常用隔离用房应当远离学生教学和生活区，相对独立，采光和通风良好，应设有独立的卫生间和洗手设施；隔离用房可分为清洁区、缓冲区、污染区三个区域或清洁区、缓冲区、半污染区和污染区四个区域；要设立醒目的“隔离室”标识，门前有闲人免进等提醒标识，避免其他人员误入。各学校可按照其总人数（学生人数和教职工人数）与疾病感染率的乘积，预估疾病感染人数，推测隔离室数量。

与非寄宿制学校相比，寄宿制学校应准备更多的隔离室，准备一定数量的相对独立、集中、易于管理的宿舍作为隔离观察用房。

临时隔离用房建议使用学校体育馆临时改造。为适应隔离要求，此体育馆应布局在学校侧门，日常作为学生活动场所和对公众开放的体育活动场所；疫时将体育馆周边隔离，关闭侧门，仅作为患者转移通道。体育馆建议采用多层建筑以满足分区需求，并建设双侧楼道，方便医护人员与患者分流。馆内临时隔离用房采用可装卸材料搭建和厢式模块化成品，提高应急转换效率。同时，应建立应急建筑材料采购预案，提高疫时反应速度。

隔离用房应当具备以下基本设施：防护用品[一次性工作帽、防护眼镜（防雾型）、医用防护口罩（N95）、防护服、一次性乳胶手套、一次性鞋套]、体温计、流水洗手设施（包括洗手液、手消毒液、干手纸巾）、紫外线空气消毒器、消毒液（84液、75%酒精）、观察床、处置台、药品柜、血压计、一次性压舌板、一次性注射器、一次性输液器、污物桶、医疗废物袋、利器盒、登记本、通信设施等。

（5）增加卫生设施（教室入口、洗手位、用具存放等）

这在中小学教学楼里很常见，基本上每层一个到两个公共卫生间，设置在楼宇尽端。如果一个组团内只布置一组公共卫生间，那么其中某一个学生或者老师如果患感冒或者其他传染病，需要短时间进行隔离时，就会比较困难。

① 卫生间尽量采用多点成组布置的原则，避免课间学生大量集中入厕，成为不必要的人员密集场所，交叉感染。

② 明确洁污分区，分级清洁与消毒，校园内体检室、医务室、隔离室划为污染区，与其他区域应有门禁分隔；学生寝室划为洁净区；其他公共区域划分为半污染区。

③ 教室入口处和共享空间考虑设置卫生用具存放点，方便非常时期灵活放置需求物质、消毒器具等。宿舍洗漱、饭堂、公共卫生间等考虑增加洗手位数量，并适当增加间距。

（6）建筑、装修材料易于反复清洁

教学建筑的公共空间（走道、楼梯间、卫生间）的墙壁、地面应采用易于清洁，能有效防止细菌匿藏的建筑材料。墙壁可选用瓷砖、生态板材、复合胶板、无机防霉涂料等；地面材料可选用环氧自流平地板、PVC 地板、高架地板等。

（7）各建筑空间利于通风采光，避免密闭体量过大

① 教学楼宜以采用双面采光设计为主，以配置抽风、电风扇和空调为辅，增加教室空间的通风采光面积。

② 教学楼首层宜设计成架空，并且各层尽量采用外廊式布局，通过连廊、中庭、室外平台等构造形式为学生创造更多的开敞空间；需要设置内廊时，考虑在中部设置采光通风平台，避免密闭体量过大。

③ 结合本地特点，利用冷巷热压、院落穿堂风和小天井拔风效应等技术，加强通风对流效果。适用于南方夏热地区。学校公共卫生间，还应避免布置过于拥挤，隔间过多。

4. 设备、部品

（1）校门口扫码、测温、鞋底清洁设施的固定化

联防联控机制是整个社会的免疫系统，其中非常重要的一环是公共场所出入口管理。全自动化的检测、记录、清洁设施具有人工操作所能达到的准确度和可靠度。学校出入口设置扫码、测温、鞋底清洁等永久设施或预留空间及水电源十分必要。

（2）教学、办公家具优化

学校可采用方便反复清洁的教学家具，选用金属、塑料、复合木板为材料的家具，避免选用不可拆洗的布艺、真皮等材质家具。尽量选用可擦洗的百页窗帘。而且家具的造型简单外表光滑，不易积聚灰尘和细菌。

（3）非接触式部品（电梯、水龙头、冲厕等）

学校应尽量选用非触式部品，如、电梯按键（有待开发）、感应式或脚踏式水龙头及冲水器、感应式洗手液器等。

（4）各种场所紫外线灯具等杀菌杀病毒设施

增加房间内卫生设施和杀菌杀病毒设施。

① 校园各类用房（教室、办公室、卫生间、楼梯间、电梯等公共空间）应设置紫外线杀菌灯，也可以采用安全型移动式紫外线杀菌设备。

② 校园应配备齐全的消毒、卫生设施、医疗用品设施或根据规模应设置洗涤消毒间和洗涤消毒设备。

③ 校园安装的紫外线灯具和紫外线杀菌设备应能满足通过自动感应的功能感应无人时自动开启，进行消毒杀菌。

（5）推广校园的自助及智能化服务

疫情时，学校内部教学和生活需要有效进行，但是人员接触不可避免，因此需要充分发挥现代科技与人工智能的优势，使学校的各类活动尽量在无接触的条件下开展。学校的便利店及日常生活功能块等能够使用人工智能、无人服务。学校的饭堂清洁等使用机器人代替。尽量减少人员接触，能够使疫情对学校教学与生活的影响降到最低。如果出现个别传染，需要单独隔离的情况，可以采用云授课和直播授课方式，让疑似感染的学生也能够通过直播方式与课室的学生同时上课，使日常教学活动不受影响，有效缓解学生与老师的紧张心态。

图 2.41　自助快递与自助收银

（资料来源：作者拍摄）

四、后疫情时代建筑教育展望

通过对疫情期间教育建筑使用现状的反思和总结，梳理出疫情之后的教育建筑设计需要关注的重点内容，并提出设计及优化建议，以指导后续教育建筑的设计工作。

2.5 高层建筑

一、疫情期间高层建筑设计面临的问题与反思

2020年新冠肺炎在世界范围内的爆发，凸显出人类社会面对突发重大健康卫生灾害事件的脆弱性。这次事件不仅促使社会对公共医疗卫生体系和防疫能力给予高度关注，也促进了对城市建设，尤其是高密度城市空间发展的反思。高层建筑不仅集聚了大量社会资源，同时也因空间的高效集合，形成高密度人居活动交往的汇聚场所。面对突发的疫情防控需求，以及未来可持续发展的健康城市要求，高层建筑设计领域面临着从理念、方法到设计内容、技术策略上的优化提升。

1. 疫情警示提升了高层高密度建筑开发中安全与防灾上的重要性

（1）全球化及高密度城市的聚集背景造成防灾潜在风险的加剧

如今，全球化和超大城市的加速使高层建筑进一步集聚。城市在面临重大灾害（尤其是疾病传播）时，遇到的诸如能源、交通、生活安全等超出城市常规设防能力的新型安全问题，与以往问题的难度及广度都不可同日而语。

（2）健康与安全防灾成为疫情时代高层建筑的核心问题

新冠肺炎疫情集中在大城市的暴发，显示了高层建筑将是未来一段时间内健康防疫的重要战场。高层建筑在健康安全防灾上的核心点在于两个层面：一是高层建筑自身的健康性，反应在人们对高层建筑普遍的空间品质提出的要求；二高层建筑的应急性，即高层建筑在防疫防灾期间的转化能力。

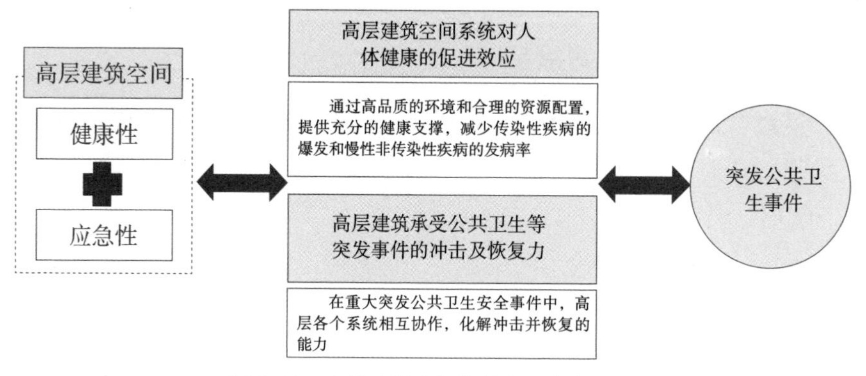

图 2.42　高层建筑空间的健康及安全需求

（资料来源：作者自绘）

（3）现有高层建筑防灾理论与实践上的缺失不容忽视

一方面高层建筑的防灾问题的标准建设体系相对滞后。安全防灾标准体系是城市规划和建设中落实重要安全防灾设施的基本依据，对城市和建筑的安全防灾能力提升起到了重要作用。目前，无论是既有城市规划还是建筑设计的层面，高层建筑安全防灾的内容依据是以抗震、消防、民防、防火等审查的强制性内容为主，缺乏对于健康方面的强制性内容。标准、规范在引导安全防灾系统建设面临更加复杂的城市安全形势，日益紧缺的空间资源约束背景，暴露出陈旧、管控要求僵化等问题。

另一方面，高层建筑防灾在前期规划与设计当中缺失。由于前期规划和设计的缺失，当空间愿景与安全防灾要求存在冲突时，也往往是后者做出妥协和调整。长期的“配角”定位，使得高密度高层建筑在安全防灾面前的被动降低了建筑的可持续发展的保障能力。

2. 疫情对高层建筑空间设计提出了新的要求，健康将作为高层建筑空间品质的核心需求

（1）疫情爆发暴露出我国高密度开发中高层建筑空间品质存在的普遍性问题

过去 20 年，我国大规模建设了一批高密度高层建筑，疫情期间逐渐暴露出其在简况及安全上的短板，客观上造成了疫情防控的严峻形势。整体而言，前期的规划与建筑设计对于疫情期间的防疫问题考虑不足，加剧了高层建筑的

健康和安全隐患。高层高密度建筑聚集了大量人群，卫生防范风险高，是造成疫情期间应急管理难度加大的客观条件。在高层高密度公共空间，人员集中聚集情况普遍，交叉感染风险高；高层建筑的人员多而混杂，管理和追踪难度大；高层建筑中的垂直交通和管道系统等密闭空间，空间流通不畅，通风隐患突出；高层建筑出于安全原因，开窗受限制，导致自然通风量不足等问题。

（2）我国推进“健康中国”的国家战略对民用建筑健康的新要求

《“健康中国2030”规划纲要》由中共中央、国务院于2016年10月25日发布，是中国今后15年推进健康中国建设的行动纲领，把人民健康放在优先发展的战略地位。指出“以提高人民健康水平为核心，以体制机制改革创新为动力，从广泛的健康影响因素入手，以普及健康生活、优化健康服务、完善健康保障、建设健康环境、发展健康产业为重点，把健康融入所有政策，全方位、全周期保障人民健康，大幅提高健康水平，显著改善健康公平”。

经中国建筑学会标准化委员会批准发布的《健康建筑评价标准》T/ASC 02—2016，自2017年1月6日起实施。该标准参考了国内外重要的标准文件，结合我国实际情况，提出“在满足建筑功能的基础上，为建筑使用者提供更加健康的环境、设施和服务，促进建筑使用者身心健康，实现健康性能提升的建筑”。标准遵循多学科融合性的原则，建立了涵盖生理、心理和社会三方面要素的评价指标，并将其作为一级评价指标，分别为“空气、水、舒适、健身、人文、服务”。健康建筑评价充分考虑了民用建筑设计和运行两个阶段的健康性能影响因素，将健康建筑评价为设计评价和运营评价。该标准是我国一部民用健康的起步标准，需要行业持续推进与完善。

3. 疫情对高层建筑空间从群体防灾角度提出的弹性应变、智慧管理的要求

（1）疫情对高层建筑空间从群体防灾角度提出的弹性应变要求

高层建筑因类别不同，分别有其各自的标准和规定，但在此次疫情爆发期间，为应对防疫防灾需求，各类建筑都不得不面对防疫卫生时的空间转换的应变问题。

例如：酒店被用来作为转移与隔离疑似病例和轻症患者的空间；对线上远程办公的依赖，造成高层建筑尤其是办公建筑中对会议室设备和机房容量及稳定性的增加；商业综合体的人流量在疫情严重期间断崖式下跌，造成的经济损

失巨大，进一步比拼商家的线上营销能力，这一转变需要自身强大的物流平台能力，对未来综合体推动线上线下整合方面产生了深远的影响；超高层建筑的运输方式主要为封闭的垂直电梯，交叉感染风险高，在疫情期需要弹性的管理。

除此之外，高层公共建筑疫情期间面临的普遍弹性应变问题还包括：人流与物流的分流、人与物的检疫检测、预警管理、卫生消杀管控，以及对“健康设施”需求的增加，包括隔离区，护理，治疗（包含心理）的需求等。

（2）同时，疫情对高层建筑智慧管理方面提出了更高的要求

随着近几年我们在物联网、移动互联网和人工智能领域的快速发展，打造应对疫情防控软硬件要求的智慧化管理是普遍趋势。在智能化管控方面，智能安防监控云平台、智能门岗系统（人流及物流）、物业信息化管理系统、智能无触控式电梯，智慧化机电系统，业主APP等智慧化方式，有效遏制了交叉和接触式风险，提高了管控效能。除此之外，不同应用场景下的数据信息均可在线上实时监控，记录、上传和下载，并提供即时预警，以保证管控的系统性、安全性和即时性，同时为城市与区域的管控提供重要的数据支撑。

二、后疫情时代高层建筑设计提升重点策略

1. 总体规划：高层高密度建筑开发区域健康环境设计

（1）总体布局：形成良好室外物理环境成为规划重点

在总体布局上，能够形成良好室外物理环境的核心，包括创造良好的室外风环境、降低热岛效应、确保充足的日照、营造绿色生态景观、减弱环境噪声和光污染等方面。

（2）通风和降低热岛效应

通过减少城市对风的阻挡，达到促进高层建筑区域内外热交换和污染物扩散的作用，从而缓解热岛效应和空气污染。

（3）日照充足

建筑环境获得充足的日照是保证居室卫生，改善居室小气候，提高舒适度等居住环境质量的重要因素。绿色的环境有利于营造舒适的外部物理环境。

（4）绿色生态

一方面，充分利用周边环境的景观优势，创造有利于景观最大化的总平

面布局；另一方面，创造内部景观优良的生态环境。

（5）降低噪声

噪声对人们的危害很大，影响了人们正常的生产生活和身心健康。利用地形或地物做隔声屏障，降低噪声，保证良好的声物理环境。

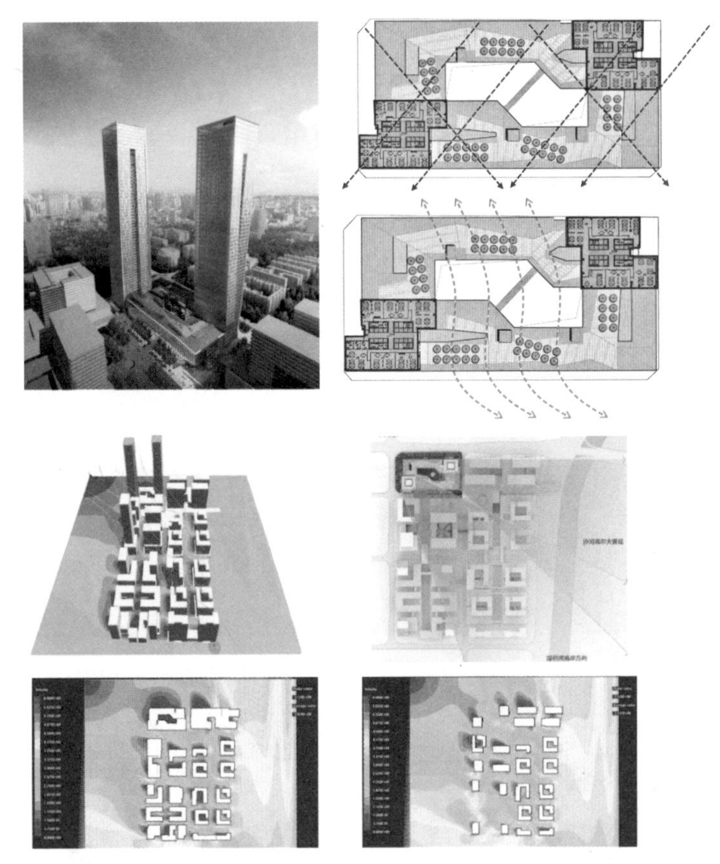

图2.43 “深圳湾科技生态园四区双塔”布局创造了良好的通风、日照和景观优良的室外物理环境
（资料来源：香港华艺设计顾问（深圳）有限公司＋泰思金建筑事务所设计案例）

深圳湾科技生态园四区双塔位于大基地的西北角，北临南山科技园，东望沙河高尔夫，在总平面布局上，通过两栋塔楼东西错位布置，扩大了南北向界面，增强了自然通风与采光，错开式布置有利于两栋塔楼减少干扰，留出空中视线通廊，最大限度地利用沙河景观，创造了通风、日照、景观优良

的物理环境。

在深圳大疆天空之城总部设计上，底层区域只落地塔楼核心筒，扩充了首层入口空间，在有限的用地条件下为建筑场所营造出绿色生态的公共景观。

天健科技大厦位于深圳南山区北环大道、广深高速和龙珠八路的交汇处，环境噪声严重，建筑布局采用半围合式布局，通过形体屏蔽周边的噪声，在不需要对建筑外墙进行特殊处理措施的情况下，有效降低噪声 30dB，内部开放空间仅为 50dB，降噪效果显著。

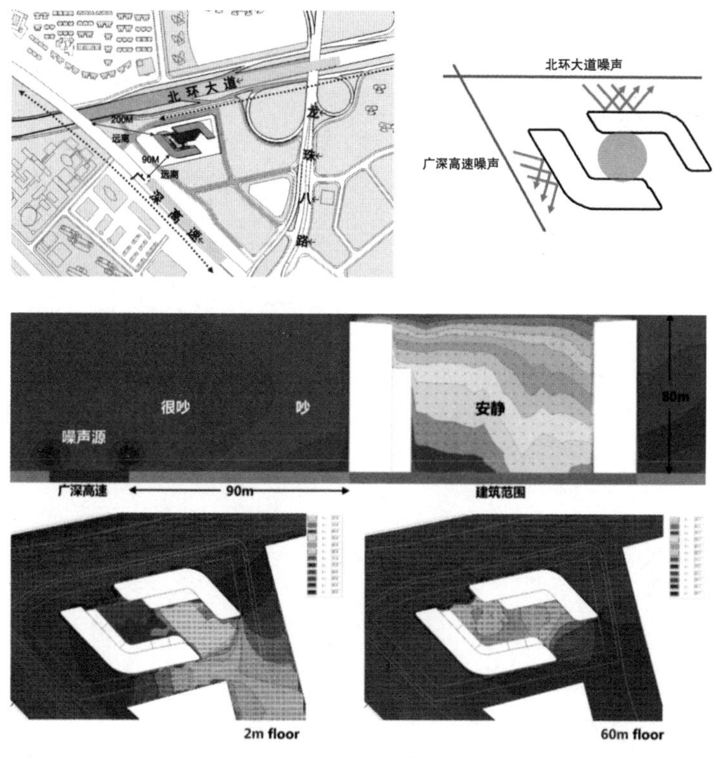

图 2.44 “天健科技大厦”半围合式布局有效屏蔽周边交通噪声

（资料来源：香港华艺设计顾问（深圳）有限公司设计案例）

（6）功能流线与交通组织：合理分流

通过合理的规划人流物流，便捷人员、车辆管理及货物、垃圾管理，保证交通流线组织的安全，降低人员交叉，可以有效减低污染的频率。具体的

手法上，包括通过平面流线设计和垂直流线组织合理分流。

· 水平分流

沈阳和平之门项目位于沈阳浑南区，是一座集合了办公、酒店公寓和集中商业的大型综合体，地上面积近 20 万 m²。建筑位于南京南路和长白南路的交叉口，西面还有地铁地下通道接入到基地内部。在规划上需要处理的流线包括：办公、酒店公寓和集中商业的复杂流线，涉及人流、车流、货流三股主要的流线。在处理人流方面，通过合理的建筑布局，设置出入口，实现人员的分流和引流，同时在管理上保证相互的独立；在处理车流方面，交通顾问详细分析了周边和基地内部较为复杂的车流条件，做到公寓、办公、商业车流的分流，货物运输和垃圾运输的分流管理，保证交通流线的顺畅及卫生管理。

· 垂直分流

在应对高密度超高层建筑解决人流、物流的交叉和管理上，通过垂直分层和双首层设计，有利于高效便捷的引导人流。留仙洞总部大厦项目顺应地块南北侧的高差，在南北两侧形成 6m 的入口差异，自然形成北面的地下商业和公寓入口以及南面的办公入口。

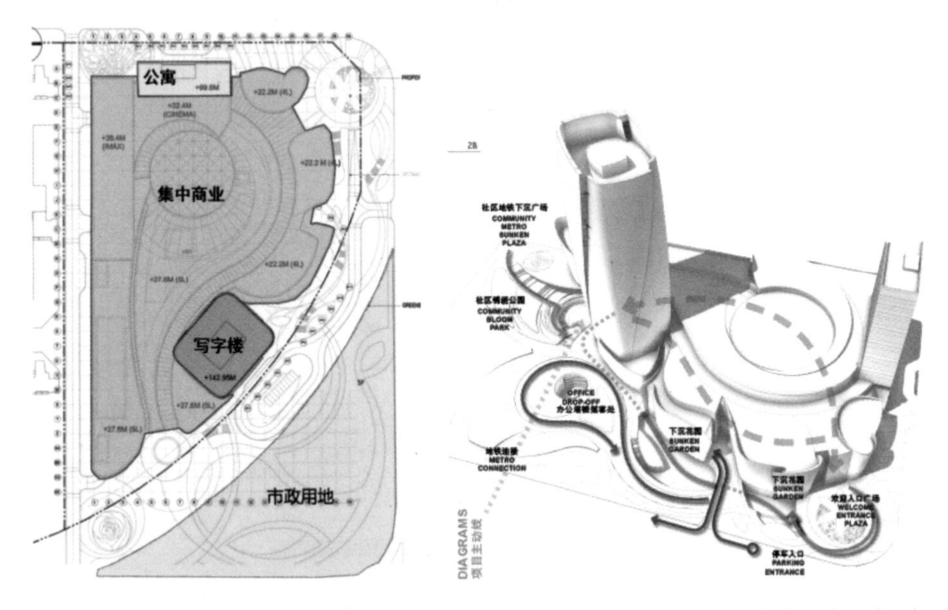

图 2.45 “沈阳和平之门项目”处理酒店公寓、办公和商业综合体的人流、车流及货流（一）

（资料来源：美国捷得国际建筑事务所 + 香港华艺设计顾问（深圳）有限公司设计案例）

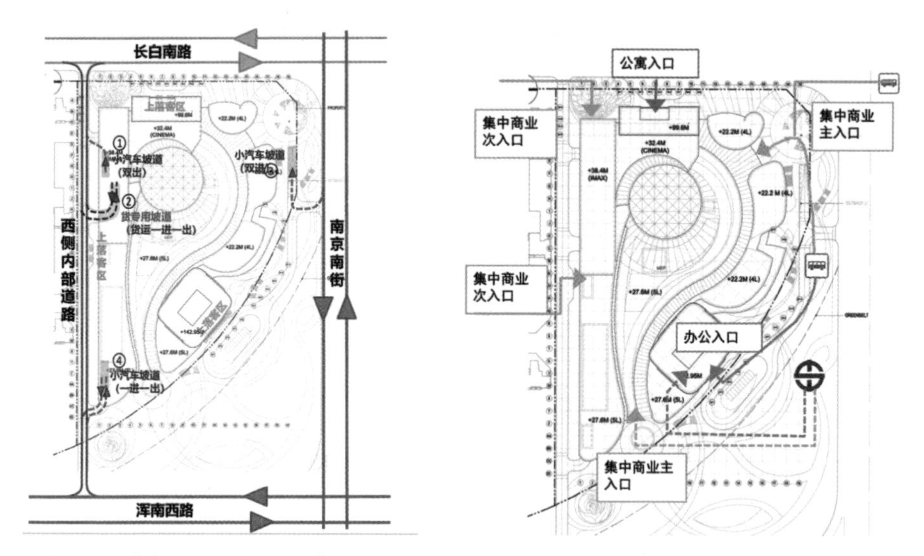

图 2.45 “沈阳和平之门项目”处理酒店公寓、办公和商业综合体的人流、车流及货流（二）

（资料来源：香港华艺设计顾问（深圳）有限公司设计案例）

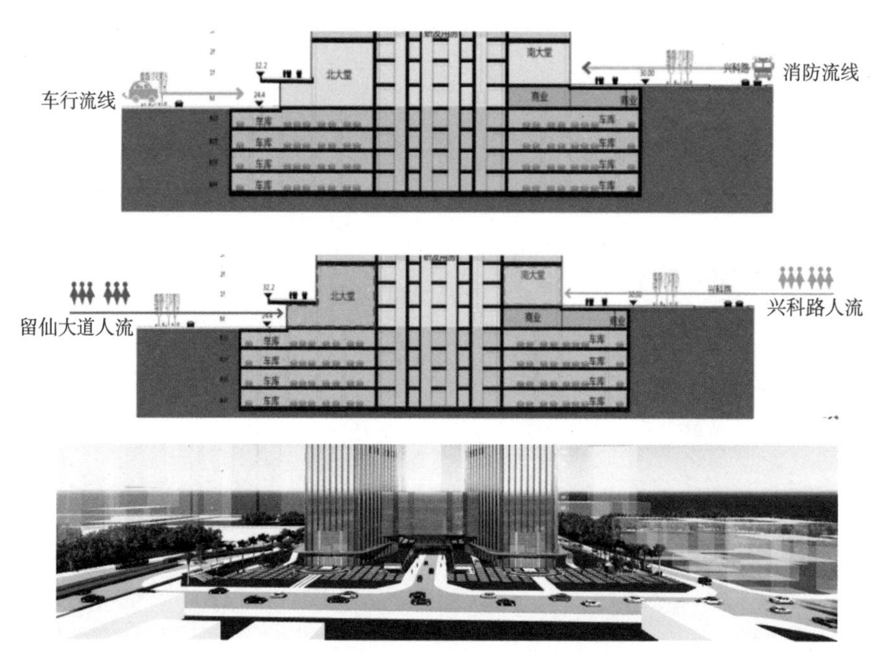

图 2.46 “留仙洞乐普医疗总部大厦项目”通过垂直双首层设计，处理流线分流

（资料来源：香港华艺设计顾问（深圳）有限公司设计案例）

2. 室外环境与公共空间：环境健康与污染控制

高层建筑的污染源除了有症状人员，主要为携带各类病菌的物品和垃圾，从目前来看，就垃圾收集、清运的整个过程而言，仍存在着滋生细菌、病毒传播等潜在隐患。大量既有建筑的垃圾流线与人行流线密集交叉，垃圾排放点与疏散通道共用等问题突出，亟须采取以下措施：

（1）加强并完善污物排放管理制度和模式

细化并加强垃圾处理应急措施和预案，如在卫生和防疫体系末端对污物排放提出更细致的相关规范和举措等。

（2）减少公共区域垃圾运输流线和人行流线的交叉

既有建筑改造中，应将垃圾回收空间与交通空间分隔，并设置相应的清洗、消毒、清运等设备和措施；若空间条件有限，应增加设备和清运管理等措施，以确保垃圾及时消毒与清运。

新建建筑应加强洁污流线的精细化设计。垃圾贮藏空间应独立设置，清运流线宜独立，必要时设置具有清洗和消毒功能的现代化垃圾专用道或垃圾专用货梯。若与交通设施兼用，应严格控制垃圾的卫生、密闭清运措施，并采取“错时”清运等管理方式。

（3）细化并加强垃圾处理应急措施和预案

灾害或疫病等危害公共安全事件期间，应加强对垃圾种类、产量的排查。基于大数据分析技术支持，编制有针对性的垃圾处理应急措施和预案。

收集环节应精细化分类，尤其与疫病传染源相关的废弃物，应采用隔离措施，与日常垃圾分离，独立收集。此外，垃圾收集时应密封，有条件时宜开展实名垃圾分类收集，实现“来源可追溯、分类精且准”。

清运环节应保证及时清运垃圾，实现日产日清，时间不得超过24小时。对于与疫病防护相关的废弃物，如纸巾、口罩、手套等，应单独收集、处理，严禁回收及分拣。

三、高层建筑设计

1. 建筑底层空间及出入口：适应于灾害防疫出入口管理的弹性设计

（1）低层公共空间和底层架空层

高层建筑往往具有低层裙楼或是底层的架空，针对新建高层建筑，低层公共空间和架空层的设计，一是有利于平疫结合；二是有利于通风和遮阳；三是平时可以扩充底层区域范围，设置主题功能等。深圳湾科技生态城的整体规划，具有大量的架空区域及公共空间，底层架空一方面有利于通风和遮阳；另一方面为疫情期间及平时的室外就餐、健身等主题功能提供了大量可拓展区，有利于塑造健康环境。

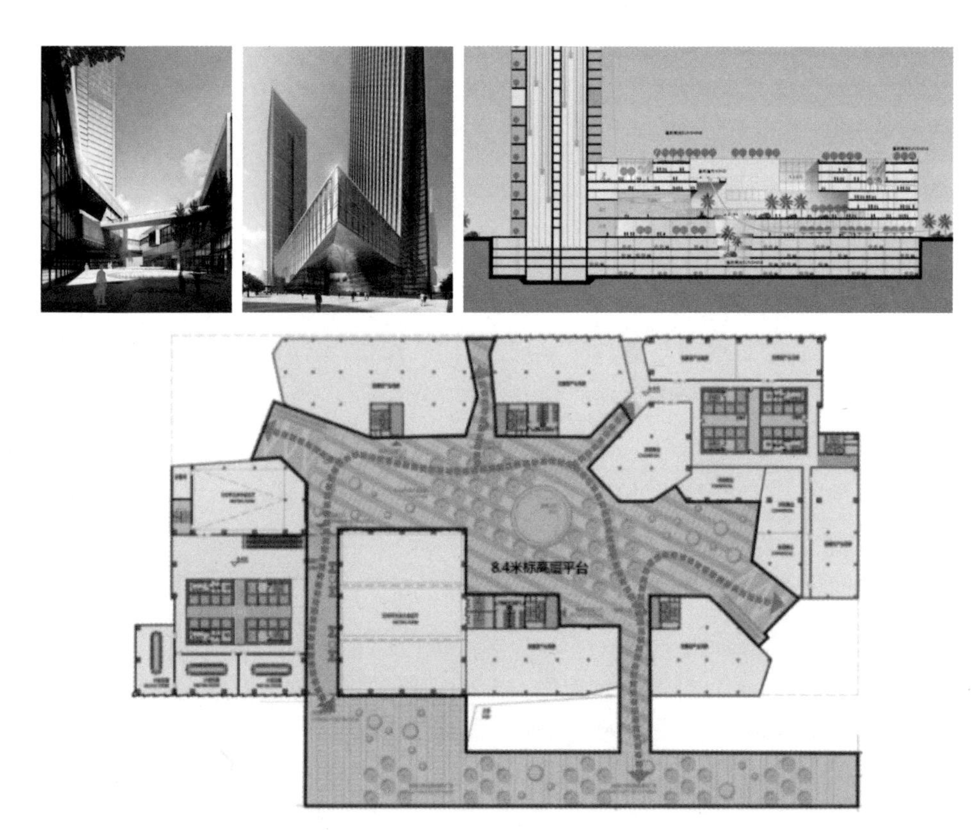

图 2.47 “深圳深圳湾科技生态园四区”塔楼底层空间

（资料来源：香港华艺设计顾问（深圳）有限公司设计案例 + 泰思金建筑事务所）

（2）出入口检疫——预留常驻人员和临时人员流线通道

① 针对建筑常驻人员和临时人员，需要注意在入口的检疫检测，以区分人群。

② 对于频繁流动变化的人员，宜设置独立的空间区域，如在其入口附近设置访客区且采用预约访客制，保障进入建筑人员的安全。

（3）应急封闭管理时外部物资的出入口管理：物流、外卖及货物领取

① 物流源头应尽量减少人工接触环节，增设智能快递分拣仓库。

② 物流终端应增设快递及外卖接收暂存站点。

③ 接收暂存站点应设置在建筑入口内部，其数量及点位设置应满足 5 分钟步行圈要求。

④ 储物柜体应具备紫外线灯消杀功能，快递投递实现外投内取，箱内消毒，避免人与人的直接接触，同时阻止病毒通过物品传播。

⑤ 储物柜应支持有线网、Wi-Fi、4G 上网，使用者可以通过手机 app 获得取件密码等相关信息取件。

⑥ 室外储物柜或取餐柜需加装雨棚装置。

（4）设置应急快速通道流线，实现初步隔离于快速就医

在发现疫情、运送病人到外就医时，需要设计一条单独的、快速的流线通道。一些电梯应该设置在大楼的边缘，这样病人可以通过电梯进入救护车。在首层结合快速通道设置应急用房，进行初步隔离和诊疗。

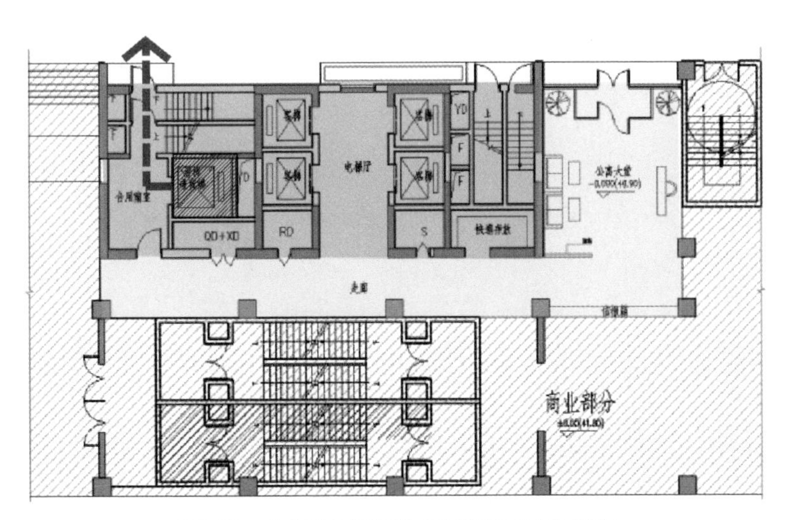

图 2.48　公寓首层设置的应急流线及应急措施

（资料来源：香港华艺设计顾问（深圳）有限公司项目）

2. 高层标准层核心筒设计

高层建筑通常形体大，服务人数多，功能复杂，其中核心筒占据了相当大的面积。现有项目中高层住宅核心筒占面积一般为10%—15%，办公建筑常为25%—30%，其作用首先是结构需求；其次是交通作用，核心筒是水平交通与竖向交通的转运点，也是地面与空中的连接点；第三是服务功能，包括水、电、暖通等设备空间及卫生间、茶水间、垃圾房等生活服务空间。

（1）高层建筑的核心筒类型设计

在高层建筑中，核心筒的位置与层高功能、建筑结构、景观朝向、消防疏散等有关，按核心筒位置分类，有中心型、侧偏型和外置型等。

① 中心型核心筒位于平面中心，有利于交通空间和辅助功能的集中布置

目前高层办公楼和酒店建筑大多采用此种方式，结构最简单、稳定，核心筒四周环绕使用空间。但此次疫情过后发现了其缺点：

因为核心筒位于正中央，存在封闭楼梯间、电梯厅、走廊等一系列不通风或通风不畅的问题，排风排烟只能依靠机械进行。无法自然采光，增加细菌繁殖。对后疫情时代的高层建筑防疫产生了不利影响。不合理的空调新风系统增加了交叉感染的风险。

② 侧偏型核心筒偏于建筑外侧，楼梯间电梯厅可近外窗，能获得自然通风、排烟和采光。此种布置适用于特殊朝向、对景观面有要求且有较大空间需求的高层建筑，一般建筑高度都不大。

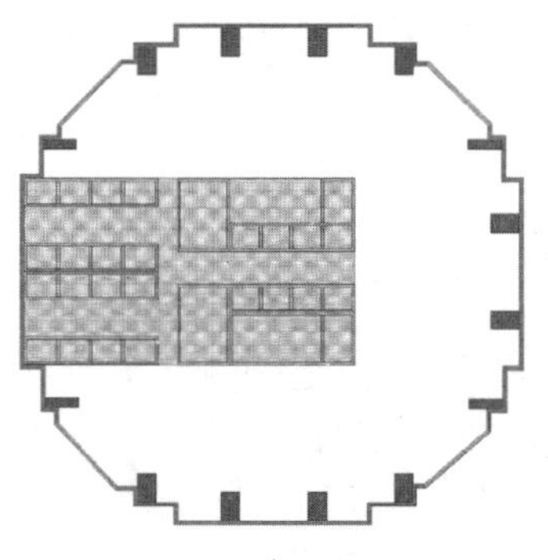

图2.49　测偏型核心筒

（资料来源：作者自绘）

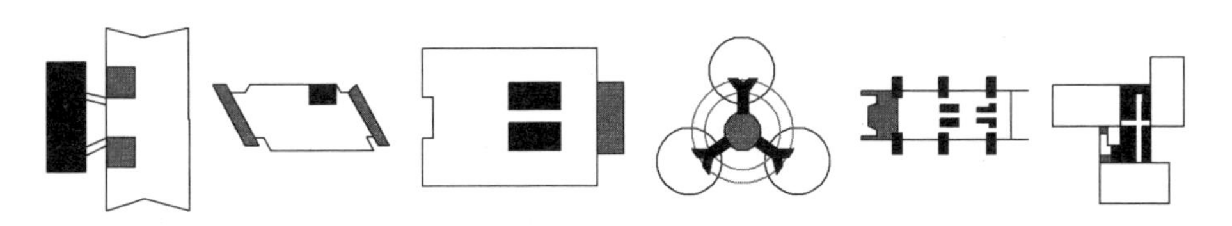

图2.50　分离式核心筒

（资料来源：作者自绘）

③ 分离式核心筒将核心筒独立于建筑主体使用空间设置，这种分布方式可以获得较大、完整且开敞的使用空间。以2010年以来，分离式核心筒呈现井喷式增长，因为建筑主体平面的通风、采光面更长，自然采光和通风的效果更好。其中，2018年竣工的深圳南山区汉京中心，建筑主要使用空间的自然采光通风面达到100%。另外，正在兴建的大疆总部大厦，建筑平面风车式布局，大大增强了办公空间的采光面。在后疫情时代应常使用此种核心筒布局。

（2）核心筒防疫及健康性功能设计

① 在核心筒的防疫设计上，需要注意洁污功能分区，设置口罩丢弃处，细化垃圾丢弃处的垃圾分类，并做好及时消杀。

② 保证交通流线顺畅，建筑设计时需考虑排队等候的安全距离，设置排队流线，防止人员过于拥挤。

③ 候梯等待空间通风良好，宜有直接日照与自然通风，避免空间死角。门窗的布局应有利于核心筒部位的通风换气，减少涡流区。

④ 在人员密集处应设计使用空气净化装置。可在公共空间增加集中洗消功能。

⑤ 在核心筒入口设洗消处，方便后勤人员对公共空间进行消毒。靠近后勤电梯设隔离间，并设置独立防疫流线。

⑥ 对于公共使用空间，如门把手、电梯、公共卫生间等公共区域要及时清洁，定期检测。

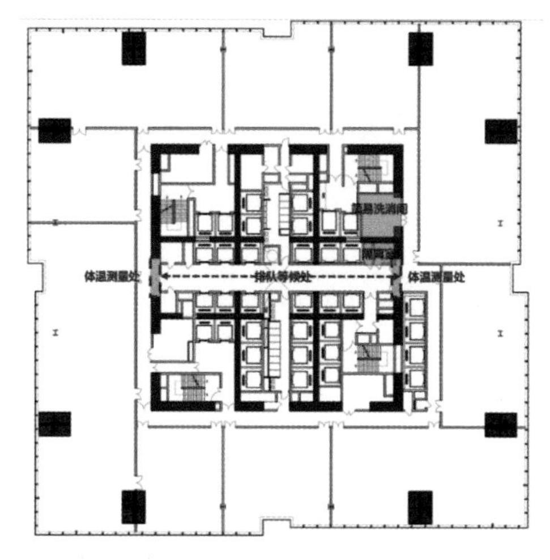

图 2.51　核心筒防疫功能布局

（资料来源：KPF 建筑设计事务所 + 中国建筑西南设计研究院 + 香港华艺设计顾问（深圳）有限公司“488 项目”设计案例）

3. 高层建筑的竖向交通流线设计

在建筑中，客流的行为路线主要由水平交通与竖向交通两部分组成。对于高层建筑而言，水平交通距离比较短，以步行为主；电梯为主的交通功能占竖向交通的主导地位，疏散楼梯起辅助交通的作用。电梯的发展给高层建筑高度的增加和内部竖向运输带来可能。但突如其来的疫情使人们对高层建筑的竖向交通空间唯恐避之不及，不愿做更多停留，对其产生焦虑却不得不每天使用，因此设计适应后疫情时代的竖向交通空间是建筑设计的重中之重。

（1）后疫情时代高层建筑的设计应预设好紧急情况的竖向流线。

（2）在建筑中设立隔离功能的房间，宜靠近电梯设置，隔离区人员、洁污流线与正常使用区完全分开，隔离区最好有独立的带电梯的竖向交通核，当需要运送患者时，电梯系统通过操控紧急模式不停站的方式，在不接触健康人的前提下将其送离建筑。

（3）电梯的系统设置宜选用声控或面容识别的方式，减少按键操作，降低接触式感染的风险。

（4）电梯运送效率需要提高，梯厅的尺寸不可过小，减少人员在电梯厅的等候时间，避免人员拥挤在电梯厅的情况发生。

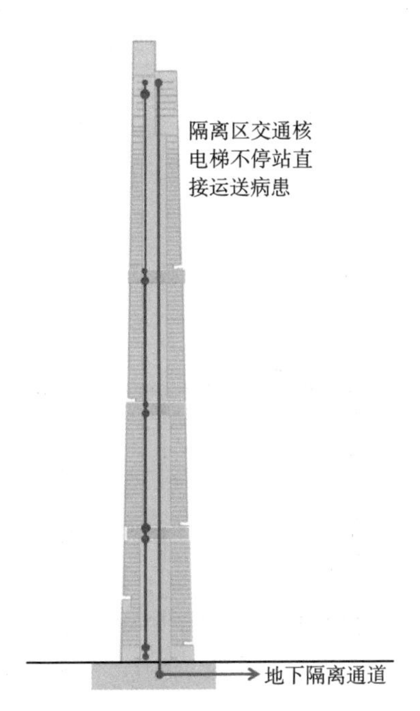

图 2.52 垂直交通流线

（资料来源：KPF 建筑设计事务所 + 中国建筑西南设计研究院 + 香港华艺设计顾问（深圳）有限公司“488 项目”设计案例）

（5）对于高层公共空间而言，在塔楼竖向交通节点可设置绿色活力的公共空间，提供人员的休憩与活动的场所，增加建筑的采光通风，有利于心理健康。

4. 高层建筑内部功能空间的防疫弹性设计

后疫情时代，人们树立起了新的健康价值观，提供健康与安全的环境与空间摆在了建筑设计的首要位置。以往建筑师们缺乏对这一方面的思考，面对此次突发疫情，建筑师在今后的设计中不仅要确保日常生活中建筑使用的健康与安全，还要满足特殊时期的需求。因此建筑设计对如何预留可以对疫情进行迅速改变的弹性设计变得十分有必要。

（1）预留未来可改造或可改变功能的空间余地

在高层建筑设计时可预留用于防疫弹性设计的空间，设立高层建筑中的“防护单元”，在发生紧急状况时对现有空间进行改造，通过合理组织建筑空间，在发现患者时对其进行隔离，设置独立的隔离流线，建立一个有效预防和应对突发事件的空间体系。

可以在高层建筑首层大堂或高层办公楼标准层入口预留位置，疫情期间可设置具有体温检测和实时消毒的装配式防疫通道；公共建筑可在各功能区入口设立洗消处，住宅设计可结合玄关设洗消间；可在核心筒预留房间，疫时临时改造为隔离间、观察室。

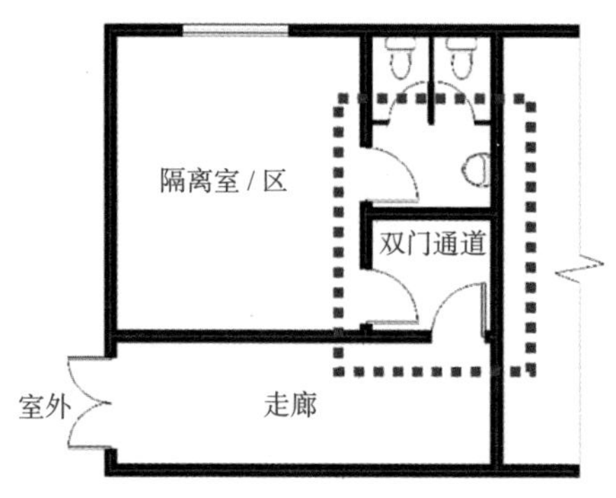

图 2.53　常见应急隔离缓冲区平面

（资料来源：作者自绘）

（2）物业运营及管控

对物业运营、建筑智能化设置特殊时期的独立系统，包括出入的物流、人流管控，安全检测，即时预警等智慧化与非接触的管理手段。在高层建筑中设立本栋建筑用的应急指挥中心、防疫站点、应急医疗设施、卫生站等，可与日常功能灵活切换，增强空间韧性。对于高层建筑的防疫弹性设计，需要建筑师们秉持“平疫结合”的设计思维，具有预见性，提升建筑设计的精细化，应对各种突发情况的产生。

5. 被动式通风的高层建筑外立面幕墙设计

高层建筑外立面通风设计是疫情时期防控的重点。减少使用中央空调，尽量采用被动式自然通风的方式，减少病毒通过空调系统的传播机会，是高层建筑提升疫情防控能力的重要手段。因此，对作为高层建筑设计关键性内容的自然通风系统进行深入分析和探讨，具有十分重要的现实意义。

建筑自然通风系统的作用主要体现在以下三个方面：

（1）热舒适通风

通过空气的流通加快人体表面的蒸发作用，加快体表的热散失，从而对建筑物内的人起到降温减湿的作用。这种功能与我们夏天吹电风扇的功能类似，但是由于电风扇的风力过大，且风向集中，所以对于人体来说非常不健康。通过自然通风的方式可以较为舒缓地加快人体的体表蒸发，尤其是在潮湿的夏季，热舒适通风不仅可以降低人体的温度，还可以解决体表潮湿的不舒适感。

（2）健康通风

健康通风是为建筑物里的人提供健康新鲜的空气。由于建筑物内部属于一个相对密封的环境，再加上有各种人类活动，导致其中的空气质量较差。一些新建的建筑物，所使用的建筑材料中本来就含有较多的有害物质，如果空气长时间不流通，就会对人的健康造成威胁。自然通风所具有的健康通风功能，可以有效地将室内的浑浊空气定期置换到室外，从而确保室内的空气质量。

（3）降温通风

就是通过空气流通将建筑物里的高温度空气与浴室外的低温度空气进行热量的交换。一般来说，建筑采用降温通风时，要结合当地的气候条件以及建筑本身的结构特点进行综合考虑。对于商业建筑，在过渡季节要充分进行降温通风；而对于住宅建筑，白天应该尽量避免外界的高温空气进入建筑物，到了晚上则使用降温通风降低室内温度，从而减少空调等其他设备的能耗。

一直以来，人们将自然通风作为维护和营造室内环境的重要途径，自然通风的实现方式主要包括以下几种：

（1）风压：根据伯努利流体原理，流动空气压力值与风速之间具有负相关关系，这就意味着，随着风速增加，流动空气所对应的压力值将有所下降，并导致低压区的形成。

（2）热压：根据热空气上升原理，将排风口设置在建筑物上端，有助于及时将室内污浊空气排出，并从建筑物底部补给新鲜空气。

（3）风压结合热压：通常情况下，风压主要适用于建筑进深相对小的位置，热压则主要适用于进深相对大的位置，在实践中，可以根据高层建筑的实际情况将二者相结合使用。

（4）机械辅助式自然通风：对于大部分高层建筑而言，拥有较长的通风路径，所形成的阻力也相对较大，简单地采用风压或热压难以满足现实需求，对于这种情况，一般会选择机械辅助式自然通风系统，借助空气环通道以及相应的空气处理方式和机械作用，实现高层建筑的通风目的。

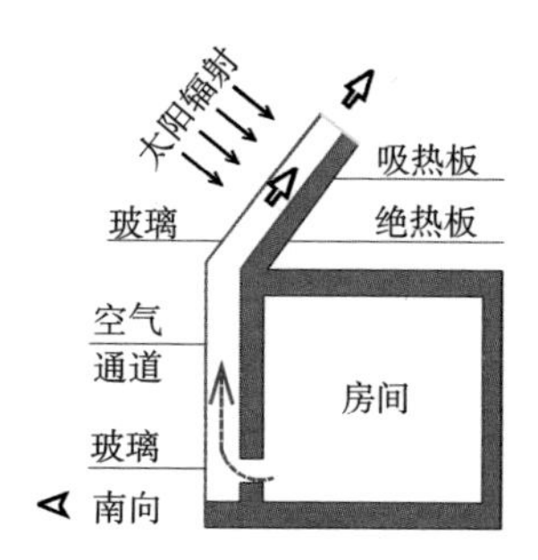

图 2.54　风压通风、热压通风与太阳能强化热压通风

（资料来源：作者自绘）

在实际工程应用中，常使用的高层建筑自然通风形式有幕墙通风器、幕墙开窗和双层通风幕墙。

（1）幕墙通风器

幕墙通风器在国内最早应用于高层居住建筑的门窗，后来发展出应用于幕墙之上的幕墙通风器，给建筑幕墙的通风带来了新的方式。幕墙通风器主要有以下优点：通风的可控性，通风和隔声、节能、环保、隔热等的兼顾性，不会破坏外立面的完整性，实用性强，便于维护。除此之外，由于通风器的一体化设计，还避免了高层建筑中窗户铰链等构件老化坠落的安全隐患。

（2）幕墙开窗

① 自然换气扇

可根据立面造型与幕墙一体设计和加工，成为单元幕墙的一部分，让使用体验与通风量更接近于窗户，位置也可根据立面设计进行个性化设计，与通风器相比，设计上更加灵活，体验效果上更容易让使用者感受到室外气息。

图 2.55　深圳中海油大厦

［资料来源：香港华艺设计顾问（深圳）有限公司项目］

② 采用开启扇窗户结合幕墙装饰单元

采用此类设计方式进行高层立面设计是幕墙发展到现在的显著趋势，使用人员在过渡季节开启外窗进行自然通风，将外部空气直接引入室内，不仅可以让室内人员感觉舒适，同时可以承担一部分室内空调负荷，达到节能的目的。在加班时间或者休息日，室内人员少，室内空调负荷也小，甚至可以不开启空调而仅通过自然通风实现室内良好的工作环境。

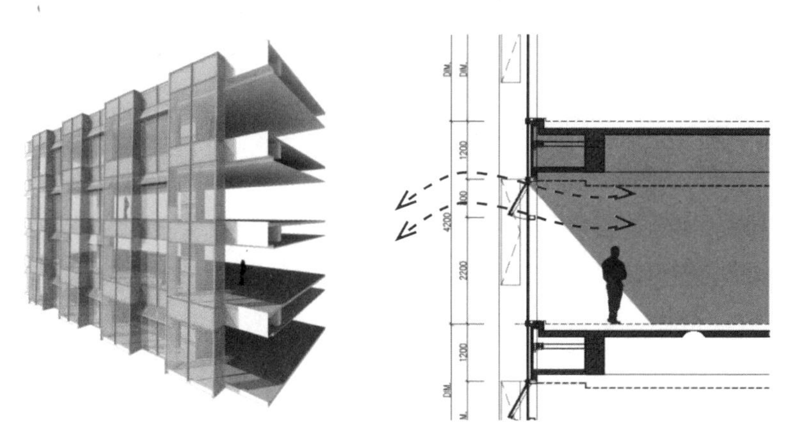

图 2.56　深圳湾科技生态城四区标段通风幕墙

（资料来源：作者自绘）

（3）双层通风幕墙

双层通风幕墙根据其构造特点和通风原理可分为外循环式（自然通风型）、内循环式（机械通风型）、内外循环式（混合通风型）以及密闭式、开放式等多种形式。

在双层幕墙结构中，内层幕墙与外层幕墙之间形成一个相对封闭的空间，空气通过下部的进风口进入此空间，又从上部排风口离开，这个空间称为热通道，热通道内的空气一直处于流动状态，并与内层幕墙的外表面不断地进行热量交换，因此双层幕墙又称为热通道幕墙、呼吸式幕墙、动态通风幕墙等。它改变了传统幕墙的结构形式，比传统幕墙节能50%，保温性能达国际Ⅱ级；采用无镀膜玻璃，实现自然光照明，节省电力；具有冬季保温和夏季隔热的双重功能，有效地减少了空调的使用，达到了节能效果。双层幕墙的防尘通风功能使其在恶劣天气（特别是沙尘暴发生地区）也不影响开窗换气，提高了室内空气质量，同时双层幕墙结构使得超高层建筑幕墙拥有自然通风的可能，从而最大限度地满足了使用者对于自然通风在生理与心理上的需求。

外循环式双层幕墙的外层一般采用单层玻璃幕墙，内层采用中空玻璃+断桥隔热型材，二层玻璃幕墙中间一般有200—600mm的空间，其空气腔可与室外空气连通。通过对气流的合理组织和控制，利用建筑高度的烟囱效应和热压原理，使两层幕墙之间的空气流动，形成不用电能的动态通风，体现了生态建筑优化设计的思想。

综上所述，高层建筑通过主动和被动式的通风，实现室内空间获得高舒适性和有利于身心健康的新鲜空气。后疫情时代，强化高层建筑的自然通风设计，减少对通风系统的依赖，减少交叉感染风险，将成为高层建筑防控设计的重要手段。

四、不同类型的高层建筑设计健康防疫设计重点

1. 办公建筑

办公每天都要应对大量人员出入，其健康防疫设计挑战尤为严峻。疫情期间为了防止疫情扩散，不得不采取短时间的线上办公，但这种临时状态显然不能成为常态。于是后疫情时代的办公建筑如何严格做好管控措施，成为

设计中的重中之重。其健康防疫设计的重点在于做好办公建筑总体布局、通行系统以及智能化的设计。

（1）合理规划总图布局

在建筑设计中，合理规划总图和不同类型人员的出入口和通道尤为重要。目前的办公建筑设计中，较少有针对不同人流进行专用通行方案的考虑。而经过疫情的影响，建筑设计中需要将办公人员、后勤人员、快递、外卖人员等人流的路线进行分流规划，尤其应重点考虑快递、外卖此类流动性强、高风险外来人流的专用通道，或规定相应的配送时间和地点，避免不同人流混合，减少病毒传播感染概率。

（2）平面布局及空间形态设计

办公建筑的主要交通空间是人员最密集、流动性最强的场所，如大堂、电梯等候厅。在建筑设计中，要保证交通空间设计合理、可最大限度地快速通行、不堵塞，这样才能既保证办公人员的出入体验，又有效地避免了办公人员在排队等待时的密切接触，以此减少病毒传播感染的概率。在设计核心筒交通空间时，要重点注意交通空间的高效化，便于交通组织，有良好的易识别性和集散能力。

办公建筑宜在首层出入口处和各标准层设置一间检疫专用的隔离房间，首层的隔离间应有独立对外的出入口。

在首层出入口处，适宜在大堂旁侧设置隔离间，以便发现患病人员时迅速将其引导至隔离间。或设置在靠近货梯厅的后勤区域，以便从标准层疏散下来的患病人员迅速进入隔离间。患病人员在隔离间进行隔离，等待医院救护车到达，不与其他人流进行交叉，避免与健康人员接触，增加他人感染概率。该隔离间可贴临安防值班室，中间设置可活动隔断，疫情期间作为隔离间使用；在非疫情期间，其空间可合并至值班室便于日常的管理使用，提高建筑空间利用率。

在标准层，适宜在货梯厅或单独的消防电梯等隐蔽位置附近设置隔离间，其位置避免靠近人员密集的办公区域和客梯厅，以免增加健康人员感染风险。隔离间位置靠近货梯或单独的消防电梯，可便于患病人员快速通过不常用的电梯疏导至首层进行隔离，避免发生人流交叉。该隔离间在非疫情期间，可作为普通休息室使用，以提高建筑空间利用率。

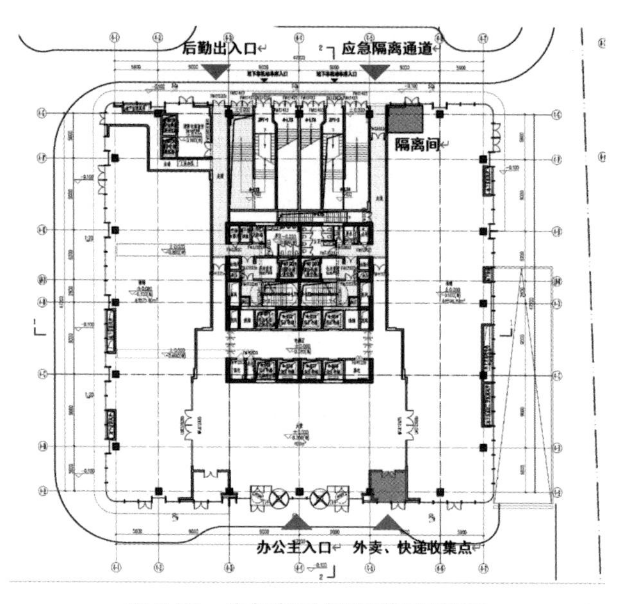

图 2.57　北京造甲村项目首层平面图

[资料来源：香港华艺设计顾问（深圳）有限公司设计案例]

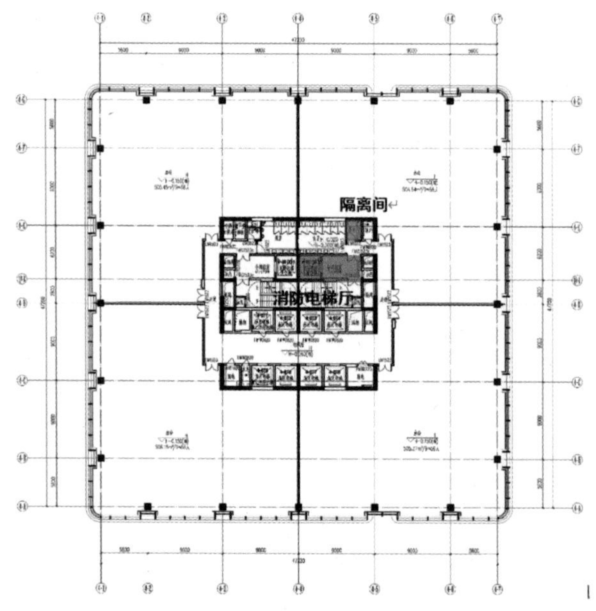

图 2.58　香港华艺设计北京造甲村项目案例标准层平面图

[资料来源：香港华艺设计顾问（深圳）有限公司设计案例]

（3）良好的物理环境

健康防疫设计需要未雨绸缪，办公建筑中要有良好的通风采光，以便减少室内空气中的病毒浓度。在建筑设计中，必须要有足够的外窗面积和开启面积，以保证采光和通风。还要确保办公场所洁净、卫生，避免污染空气积累导致病毒通过污浊空气传播。

从自然采光和通风的角度而言，小空间办公室单面采光时，其进深不应大于7m；大空间办公室单面采光进深不大于12—15m，双面采光的办公室相对两面的窗间距不应大于24m。当进深大于此数字时，办公建筑自然通风采光效果不良，对防疫十分不利。

（4）与智能化设计相结合

办公建筑应与智能化设计相结合，办公建筑每天都要承接大流量的办公人流和访客，针对办公人流，如果依旧采用前台办公人员人工检测体温并登记的方式，将造成大量办公人员在入口处拥堵。针对来访人流，如果依旧通过传统的前台进行访客接待和记录，不仅会耗费接待人力，而且通行的审批效率过于低下，会导致大量来访人员在大堂滞留。这些传统方式不仅造成了交通拥挤，而且加大了病毒传染概率。

在后疫情时代，办公建筑防疫设计应与智能化设计相结合，提高管控效率，降低管控难度，免去发卡、收卡、人工测量体温等一系列繁琐工作。针对办公人流，可采用面部识别的门禁系统来识别内部办公人员，面部识别设备还可同时检测面部体温，实现无接触通行登记。针对访客人员，可采用有人值守或无人值守访客机，提高访客登记效率和通行速度。

（5）线上协同办公的大量应用

当疫情迅速发展时，居家隔离显然是最有效的隔离手段。疫情对传统的办公模式造成了很大的影响，疫情期间，工作人员无法在办公室处理工作，线上协同办公成为大部分企业的最优选择。通过线上储存和处理工程项目的资料和数据，通过项目协同平台中的权限设定和管理，实现了工程项目中各类资料（文本、图纸、模型等）的上传下载和在线查看、修改、审批等环节处理。大量的线上办公显然对办公建筑中的服务器提出了更高的要求，在设计办公建筑时，网络设备机房要预留足够的余量。

2. 酒店

酒店是一类具有专业性、复合性的综合复杂建筑，通常包括居住、宴会厅、会议厅、全日餐厅、休闲娱乐等功能。由于酒店建筑具备独立房间和生活起居等必要条件，在非常时期可用作临时隔离场所。在新型冠状病毒肺炎疫情期间，为了尽快增加医疗救治床位，通过征用酒店、体育馆等建筑增加临时隔离床位，用于集中收治疑似病例、轻症患者或处于医学观察的密切接触者。在后疫情时代，酒店建筑设计应由“平战结合”向“区域联动、战略储备、平战双轨”转变，预留超大规模疫情爆发时期的防控防疫条件。

（1）出入口设置

酒店建筑出入口应相对独立且交通便利，不得与附近居民共用出入通道，具备室外集散场地，以利于控制传染源，避免造成病毒大规模传播，如图 2.59 所示。

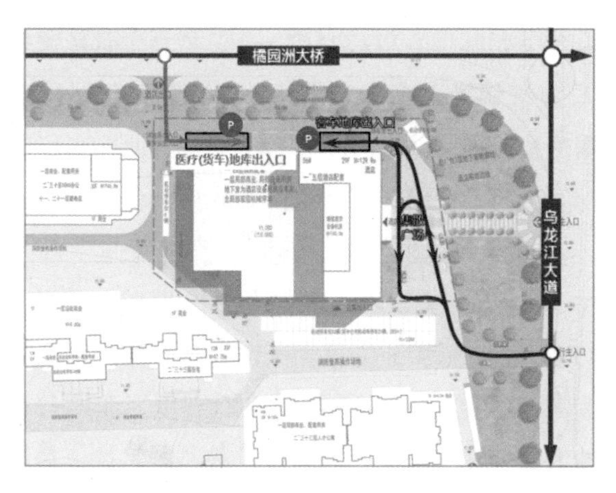

出入口相对独立

基地东侧和北侧紧邻城市主干道，分别设置客流机动车出入口和医疗（货车）出入口，实现流线独立。

酒店东侧设有集散广场。

机动车交通流线
货车交通流线
P 地库出入口

图 2.59　福州凯骊酒店项目总平面图

（资料来源：香港华艺设计顾问（深圳）有限公司设计项目）

（2）平面功能

为满足“战略储备、平战双轨”的设计思路，酒店在平面及功能上应满足下列功能平面要求：

① 具备一定数量的标准客房，可解决一部分需要隔离人员的数量要求。

每个房间应具备独立的卫生间，避免使用公共卫生间。建议标准客房数不低于 50 间，客房数量过少不能满足隔离人员入住数量的需求，而且易造成医务服务人员浪费。

② 酒店医疗后勤流线与平时客人流向相对独立，不应有流线交叉的情况，如图 2.60 所示。

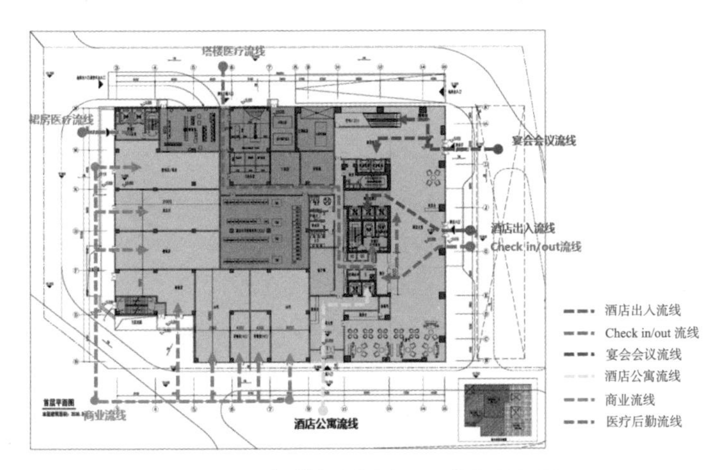

图 2.60　福州凯骊酒店项目首层平面图

（资料来源：作者自绘）

③ 酒店内部可分区：酒店内部可划分为两个区域：隔离区（半污染区 / 污染区），以及医务工作区和生活服务后勤区（清洁区）。

④ 配套用房及服务：酒店可提供具有良好通风效果的医用消毒房间（可用酒店其他功能房间腾用或改造）。餐厅可提供单独客房送餐服务；如采用餐饮外包方式时，应统一由专人送餐至每个房间门前，提供无接触送餐服务。

⑤ 客房区域宜采用硬质瓷砖或木地板等铺设地面（地毯铺设地面宜具备改造条件），便于日常及疫情后清洁消毒。

（3）电梯系统

酒店电梯数量应大于三部，包括两部工作电梯和一部及以上客用电梯。工作电梯应按用途分为清洁用途电梯（医务人员、医疗用品、送餐服务等）和半污染 / 污染用途电梯（垃圾收集与清运、使用过的布草等）。工作电梯应由工

作人员控制，不得对外使用。医疗后勤流线专用后勤货运电梯如图 2.61 所示。

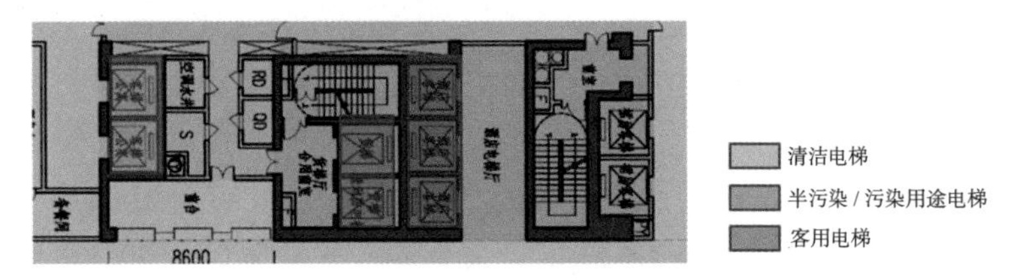

图 2.61　福州凯骊酒店项目核心筒平面图

（资料来源：作者自绘）

（4）信息系统

建筑内部的人流监控对疫情的防控和密切接触人群的筛查、预警具有重要的作用和价值。

① 酒店应具备疫情信息管理系统及部署无线网络，可及时将住客异常信息上报至社区防疫部门。

② 酒店应设有视频监控系统，客房走廊应做到无死角全部监控，对人群公共活动轨迹进行记录及检测。发生疫情时则可根据既有的数据信息，结合图像和人脸等识别技术，对重要区域进行监控、反演和预警，视频存储时间不少于 30 天。

3. 商业综合体

商业综合体具备城市的多种功能，可包括写字楼、购物中心、酒店、餐饮、文化娱乐城、公寓、会议厅、展览厅等，是一个多功能、高效率且统一度高的商业地产模式。城市商业综合体通常具有较大的空间尺度，人流非常集中且复杂。做好商业综合体的是防疫设计中的重要环节。

作为功能明确的大型公共建筑，商业综合体本身具有特殊的设计规范要求，而完全实现医院功能需求的商业综合体设计几乎是不可能的，也是不经济的。但是，面对未来仍然可能出现的大规模疫情，一般意义上的“平战结合”需求应该转变为以“平战双轨”思想为指导，商业综合体设计应该在现实约束下尽可能多地考虑应急情况，为疫情的特殊功能需求预留空间位置、设备接口，从选址布局到设备设施都做好一定的“战略储备”。

（1）合理规划总图布局

结合商业综合体实际项目条件，在整合功能，充分共享的基础上，规划好总图布局。除去商业综合体本身流线，合理设计健康防疫的各出入口位置、室外集散空间、室内隔离观察间和医疗车行人行流线。

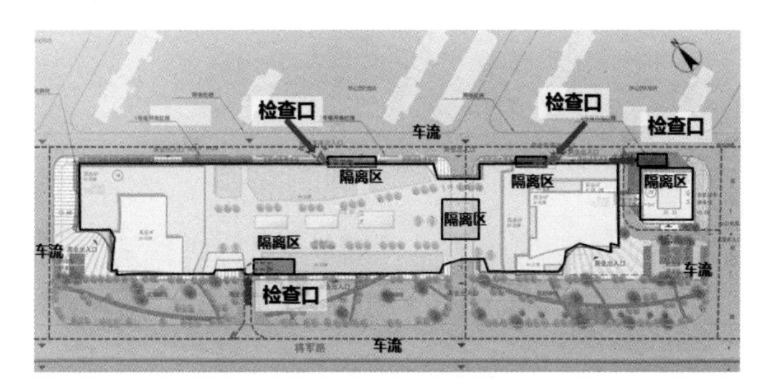

图2.62　济南华山西E项目隔离区与检测口示意总图

（资料来源：梁黄顾建筑设计（深圳）有限公司＋香港华艺设计顾问（深圳）有限公司项目设计案例）

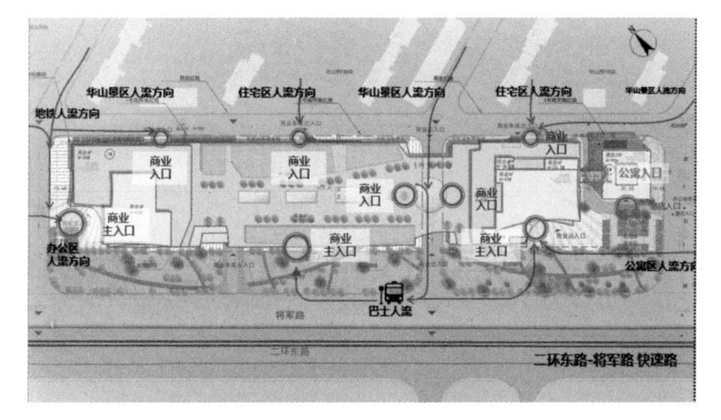

图2.63　济南华山西E项目交通流线总图

（资料来源：作者自绘）

（2）平面布局及空间形态设计

在商业综合体建筑内设置防疫相关的指示标和地图：由于预防是主要手段，为避免人员感染，宜将其设置在门厅或在建筑综合体的入口处设置标志明显的安检处和隔离间。一旦发现异常，则通过专用的通道从室外通风良好的区域转入医院传染科。

综合体的公共区域设计：顾客的必要需求在综合体中均可得到满足。如每层都需要至少一个隔离间或观察室，隔离间可贴临货梯或者消防电梯等使用人数少、相对封闭的空间布置。既方便医疗团队的出入，又与主要人流隔离。保证其他顾客正常购物，降低交叉感染的可能。

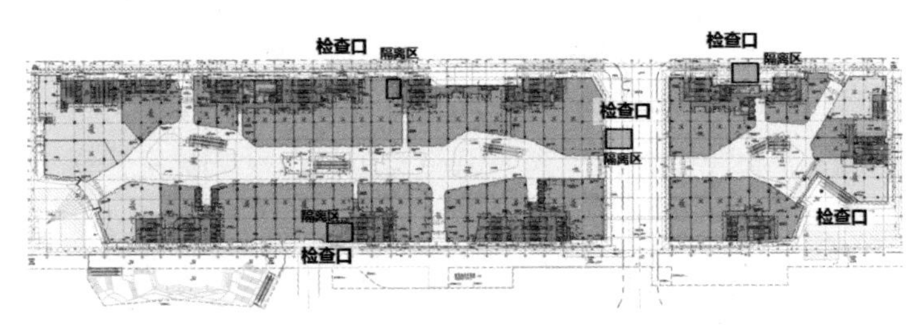

图 2.64　济南华山西 E 项目首层平面图

（资料来源：作者自绘）

商业综合体建筑的平面布局方式：当代商场目前基本是集中式的封闭型商场，导致了空气流动性差等问题。开敞的步行街方式商业中心，有利于人流的集散和防止在密闭空间内的集中交叉感染。

（3）新型技术

商业综合体人流多，人员密度大，应该以预防为主，防止传染源进入。具备条件的，安防系统应开启（已对接人脸识别、体温监测系统）楼内人员的体温监测运行模式，监管进入商业综合体的人员体温，超阈值体温员工实现实时报警，并限制入内，同时上报体温异常人员信息至管理人员。疫情期间宜在建筑物入口处增设应急防疫通道，可具有测温及报警功能、人脸识别功能、打卡签到等功能。目前，一体化智慧应急防疫通道可满足上述两项要求。

一体化智慧应急防疫通道由智能识别（人脸识别、温度识别）子系统、风淋除尘子系统、综合管控子系统以及配套净化子系统四部分组成，具有无接触测温、通过速度快、人脸快识别、人员可区分，风淋无害化、简捷亦高效，集成一体化、消毒无隐患，部署快速化、应用广泛性，智慧管控化、高效管理性等特点。这种在非接触条件下实现体温探测、人脸识别、风淋吹洗等的

功能，对于疫情防控而言具有重要意义。

4. 超高层建筑

超高层建筑层数多、容积率高，人流量大；建筑功能大多以办公为主，搭配商业、酒店或公寓等其他功能，人流与普通的办公建筑相比复杂了许多。其交通系统非常复杂，常需要设置高低区的区间电梯，200m以上的建筑更是需要设置穿梭电梯,交通的复杂性加大了健康防疫设计的难度。在后疫情时代，如何做好健康防疫设计是超高层建筑设计的一大难点。

除了前述的出入口、通道、主要交通空间合理分流规划、标准层和首层大堂设置弹性隔离间、提供良好的物理环境以及与智能化设计相结合等健康防疫措施以外，超高层建筑健康防疫设计还需从以下几点入手：

（1）在避难层中设置检疫专用隔离房间

超高层建筑最大的特点在于：其建筑高度大于100m，根据《建筑设计防火规范（2018年版）》GB 50016—2014，需要设置避难层。故超高层建筑的隔离间可集中设置在各个避难层中，以保证标准层的建筑使用效率。隔离间应靠近消防电梯，患病人员通过消防电梯就近疏散至最近的避难层中。

应避免患病人员使用穿梭电梯和区间电梯。第一，在超高层建筑中，穿梭电梯和区间电梯无法直接到达首层；第二，穿梭电梯和区间电梯多为主要人流所使用，无法实现健康与患病人员的交通分流，会加大交叉感染的风险。

（2）设备设计

相较于其他建筑，超高层建筑的空气质量管理更加严格。通风系统的新风和排风管井在设计时不互相交叉，回风应分层设计，不同的楼层之间不可内循环回风，以防造成不同楼层之间的交叉感染。在疫情高危期间，应加大新风量和排风量，并建议在办公或运营前提前开启换气和预冷设备，在办公或运营结束后延迟一段时间再关机，以确保下班后超高层楼层进行一轮换气。当出现疑似病例时，需关停本层空调风柜、新风阀和排风阀，保留洗手间排风，开启消防防排烟设施，保证该楼层负压，防止病毒扩散至其他楼层。

对于超高层建筑，需要加强对有水房间尤其是卫生间的给水排水系统设计，避免出现病毒通过下水道传播。加强水封的设计，要求卫生间、茶水间地漏水封完好，水封深度达到50mm，并保证坐便器的水封有效。卫生间内

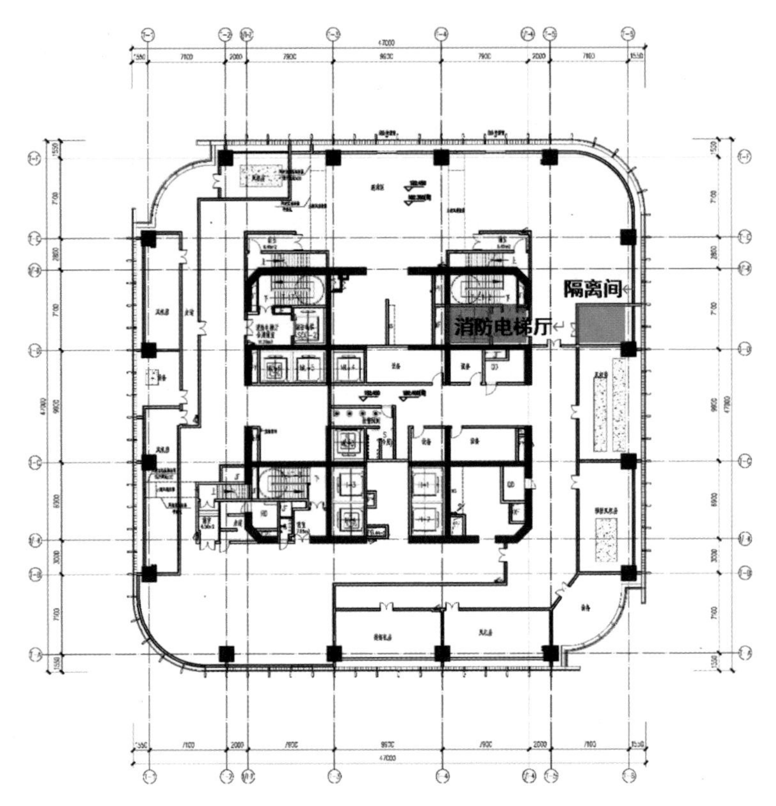

图 2.65　香港华艺设计 488 项目超高层建筑避难层平面图

（资料来源：作者自绘）

排水支管宜设置共用存水弯，每一处排水点排水时，都可以给存水弯补水，从而提高水封的可靠性。屋顶的通气立管排气口远离进风口和人员活动区域。避免排水管道中的病毒细菌重新回到室内以及被屋面人员吸入体内。生活给水二次加压系统、管道直饮水系统、生活集中热水系统等，应严格按照国家相关标准的要求定期进行水质检测。生活饮用水箱定期进行清洗，清洗周期不宜大于 3 个月。

在高层建筑首层大堂或高层办公楼标准层入口预留位置，疫情期间设置具有体温检测和实时消毒的装配式防疫通道；公共建筑在各功能区入口设立洗消处，住宅设计结合玄关设洗消间；可在核心筒预留房间，疫时临时改造为隔离间、观察室，其空调系统、给水排水系统应与其他房间和住户相隔离，独立设置。

对于高层建筑的防疫弹性设计，需要建筑师们秉持“平疫结合”的设计思维，做到预见性，提升建筑设计的精细化，应对各种突发情况的产生。

五、面向未来的健康高层建筑设计发展趋势

高层建筑不仅在建筑形象、功能、结构与建造技术上成为城市创新性的标杆，同时在怎样应对全球环境、健康的命题上承担着重要的使命。根据联合国的预测，到2050年世界人口预计将增加33%。在这一年，预计75%的人口将居住在城市。高密度的城市人口带来高密度建设，以及对城市功能集约化的需求。我国随着人口和经济社会的发展以及土地等自然资源逐步匮乏，未来城市趋向高密度开发将无法回避，建筑高度的增加和集中建设量的增长将是大势所趋。

如果说在过去的近20年中，可持续发展的理念逐步成为城市建筑发展的最重要和主流的价值导向，那么2020年新冠疫情的全球爆发，将给“可持续发展”理论增添了新的意义。结合前面论述，可以概括为以下几个重要趋势。

1. 高层建筑设计将重回“健康舒适”的人本主义需求导向

作为社会的产物，高层建筑尤其超高层建筑往往成为彰显地方社会经济实力和资本，凝聚和展示最前沿和先进的综合技术发展水平的形象代表。为此，在当下的高层建筑设计市场中，高层建筑的设计目标往往聚焦在建筑形式的追求、高端技术实现，以及空间经济效益上。另一方面，由于高层建筑消耗能源往往比一般地层建筑更大，以及近年国际社会中对于节能减排的高度关注，导致“可持续发展”理念主要聚焦于节能，对于人居健康环境等的关注却相对淡薄。

在后疫情时代，高层建筑设计将重回以人为本的本源，“健康舒适”将成为高层建筑设计的核心需求，至少包括几方面的内涵：

（1）在高层建筑建设过程中的各个环节，充分考虑高层建筑对人体健康的影响。这不仅包括规划阶段的室内外物理环境的分析模拟，建筑空间从公共区域到不同功能空间的室内环境的空气物理健康的细节设计，也包括室内装修和选材，以及后期运用维护中的健康和人性化管理。

（2）对环境健康要求的提升将促进对高层建筑空间品质舒适度要求的提

升。今后的设计将更加重视建筑空间的心理和生理环境影响，提高空间环境对于人体的正向作用。

2. 高层建筑设计将朝向全生命周期信息管理的智慧建筑发展

新一代的高层建筑将继续在建造技术上持续发展。近年来，围绕可持续发展理念，高层建筑的技术创新主要集中在结构材料等建造技术，以及可再生能源利用等以节能为目的的环保建造技术上。

后疫情时代，对健康的持续关注将促进建筑技术领域朝向以信息技术为中心的、全生命周期的智慧建造领域，并有望在以下两个方面获得突破。

（1）在建筑设计的前期，对建筑环境评估分析的相关技术方法将得到更广泛的运用，例如更精确地采集地方气候数据；对风能和自然通风等进行评估，展开采光和太阳能潜能研究；热舒适评估以及城市热岛效应影响研究；利用计算流体动力学（CFD）和辐射数据分析工具得到城市环境建造中建筑发展的风能、太阳能和采光模型等，还有对不同建筑方案进行物理环境分析和综合评估的技术工具。

（2）在建筑设计的中后期，健康智能系统将得到广泛运用和提升。智慧系统充分结合 5G 等信息技术的革新成果，从现在的建筑智能化设计走向全面的智慧建筑设计。它不仅包括对建筑自身全生命周期的信息化管理，也包括对人类健康的信息化服务。其中有对建筑室内环境健康舒适度、灾害防御和预警系统的运用；人性化无接触体感设施设备的全面运用；对建筑设备机电系统的运行实时监控等，还有结合人体舒适和健康管理的需求，对建筑表皮、材料、设施设备、室内环境等方面进行智能化调控、健康分析和检测、行为健康提醒和服务等功能。由此，建筑将不再只是容纳人们生活工作的容器，而是像如今方兴未艾的穿戴智能设备一样，在建成、维护运用的全阶段对人类健康舒适度进行检测。

第 3 章　给水排水专业

3.1　针对本次疫情建筑给水排水专业暴露问题的反思

新冠疫情期间，中国工程院院士钟南山表示新型冠状病毒除了确定的飞沫传播和接触传播，可能存在气溶胶传播，也就是有可能通过粪口传播。2020 年 1 月 31 日权威医学期刊《新英格兰医学杂志》报道美国首例确诊新型冠状病毒的肺炎患者成功治愈的病例中，提到了在患者发病第 7 日采集的粪便样本中检测出了新型冠状病毒；同期，武汉大学人民医院也观察到，部分新型冠状病毒感染的肺炎患者首发症状仅为腹泻，怀疑消化系统也可能传播新型冠状病毒，之后中科院武汉病毒研究所从这些患者的大便和肛拭子中发现病毒核酸。2020 年 2 月 1 日，深圳市第三人民医院发现，在某些新型冠状病毒感染的肺炎确诊患者的粪便中检测出新型冠状病毒。中国疾控中心传染病处研究员冯录召在国家卫生健康委新闻发布会上回答记者提问时表示，武汉、深圳甚至美国的首个病例都检测出了确诊患者的粪便中有新型冠状病毒，这个现象说明病毒可以在消化道复制并存在，但是否能通过粪口传播，或通过含有病毒的飞沫形成气溶胶方式再传播，则需要流行病学调查和研究进一步证实。

2003 年严重急性呼吸综合征（又称非典病毒、SARS）期间，香港淘大花园因高层住宅污水系统的不良运作污染了空气，致使该小区爆发疫情。香港淘大花园的案例是因为某栋高层住宅内的 U 形聚水器长期干涸，没有发挥阻挡病毒从排污管传播到卫生间的功效，随着卫生间排风机的启动，提高了病毒通过地漏进入卫生间的可能，小区楼宇间的室外天井形成“烟囱效应”，直接导致了病毒在上下楼层间传播。

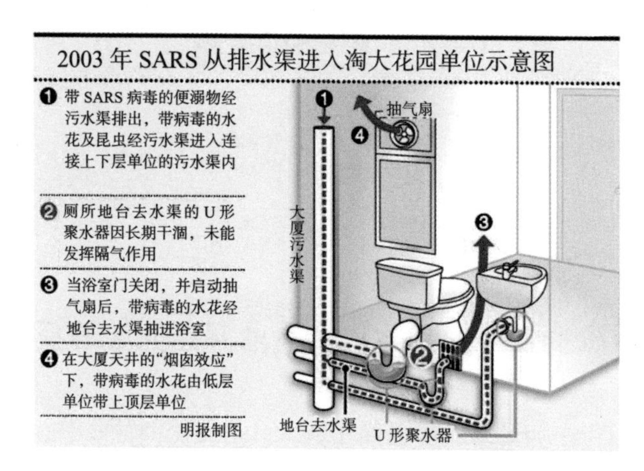

图3.1　2003年香港淘大花园SARS病毒经由排水系统扩散示意图

而此次香港、广州等城市同样出现了在高层建筑同一单元相同位置的不同楼层发生新型冠状病毒肺炎的病例，再次引起了建筑工程界给水排水专家对住宅建筑中的排水系统是否运作正常的担忧与重视。全国建筑给水排水专业人员、科研机构、世界卫生组织等也从多角度展开总结，一致认为排水系统的水封、存水弯、地漏干涸失效是排水系统传播病毒污染的根源。由此可见建筑排水系统安全的重要性。强调保持下水道通畅极为重要，可最大限度地减少传染的风险。另外，此次突发疫情，使专业人士对生活饮用水系统、直饮水系统、生活集中热水系统、建筑中水回用系统、雨水收集回用系统、二次供水泵房水质检测等优化都有了进一步的思考。

一、建筑排水系统设计的反思

1. 建筑排水系统的安全性

建筑排水系统一般由卫生器具、排水管道、通气管道和局部处理构筑物等组成，用于排出建筑物内的污（废）水。排水管道连通了各个楼层、各个功能分区等，其中任何一个环节都需要保证迅速通畅地将污废水排至室外，还要保持排水管道系统内的气压稳定，阻止有毒有害气体进入室内，保证室

内良好的空气质量。

排水系统中的每个用水器具都通过一个水封装置与下水管道隔开，阻断下水管道内的污染气体进入室内。若水封失效，那么室内空气就会与下水道中的污染气体连通，通过建筑烟囱效应和卫生间排风的抽吸作用，污染气体进入室内，携带的致病微生物散布在室内物体表面，使用者通过皮肤接触受到感染。通过水封切断下水道和室内的连接，可以切断污染源。因此水封是建筑排水系统的关键点。

国家相关标准规范中建筑排水系统通过水封将有毒、有害气体与室内环境相隔离的条文都是强制性条文（建筑排水系统平时的安全运行及维护管理技术措施一节罗列了相关条文），但在建筑的实际排水系统中，却存在着卫生间返臭气的普遍问题。据调查，70% 以上的卫生间有返臭气的问题，这已经不是舒适度的问题，而是居民健康的安全问题。特别是新冠病毒爆发以后，建筑排水管道系统的安全性问题显得更加重要。在既有建筑内，有毒、有害气体通过遭破坏的水封进入排水管道，会经常发生闪爆现象。

综上所述，排水器具的选择、水封的安全设置、排水管道的合理敷设、排水通气管的合理设置以及污水的无害化处理都至关重要，每个环节都会影响建筑排水系统的安全性。建筑排水系统的安全性是阻止病毒在房屋之间蔓延的重要保证。

2. 建筑排水系统安全性的缺失

建筑排水系统被破坏，称为建筑排水系统安全性的缺失，主要表现在以下方面：阻止有害气体进入房间的水封装置会因排水产生的正负压力波动、蒸发，或长久不用的排水器具水封干涸；分体空调冷凝水不间接排放，造成排水管网中的病菌等进入室内空间；排水立管穿楼板处密封不严实以及通气管在人员活动的区域排放等。

3. 住宅建筑排水系统设计的反思

住宅建筑排水系统安全性缺失可能造成疫情发展：

（1）排水系统安全性缺失可能造成连接同一根排水立管的上下不同楼层间的住户产生交叉感染

阻止有害气体进入房间的水封失效时，如果共用排水立管的一位住户感

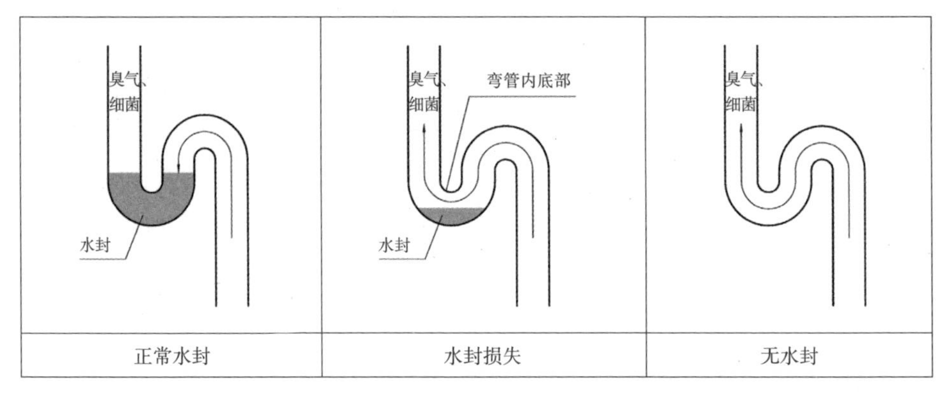

图 3.2　正常水封及被破坏水封图示

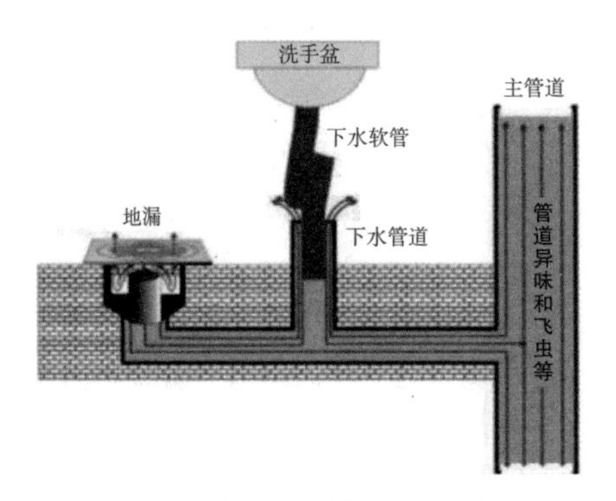

图 3.3　楼房下水管道返味示意图

染病毒，排泄物中有活性病原菌，一旦排水裹挟带有病原菌的排泄物从立管中排下，部分排泄物的病原菌就会附着于排水管道内壁。当排水立管中其他排水或管道连接处不平整时，就会冲散排泄物，使带有病原菌的排泄物在排水立管中扩散。当多股排水汇合时（排水量大），水流前端产生的正压会将扩散在排水立管中的病原菌从排水安全性缺失的排水横支管处压入房间。房间里的人就容易感染，进而造成不同楼层住户的交叉感染。

当排水立管中的排水流量很小时，则不会产生正压；如果共用排水立管的某位住户在使用排气扇，且使用排气扇的场所比较封闭狭小（如卫生间），排气扇排气量很大时，比较封闭的空间局部就会产生负压，负压能将排水立管中混有病原菌的空气从水封失效处吸出排气管道，进入房间。房间里的人就容易感染，进而造成不同楼层住户的交叉感染。

如果病原菌能在粪便中存活，最危险的传染场所就是在卫生间；如果病原菌能在气溶胶中存活，则危险传染场所除了卫生间以外，还包括厨房和阳台。

（2）建筑排水安全性缺失可能造成重复感染

病人或疑似病人居家隔离。出院的病人回家居住，如果使用共用立管的其他楼层有病人或疑似病人转为病人，只要病原菌能在排泄物中存活，排泄物就会在排水立管中形成病原菌悬浮和粘附现象。当建筑排水安全性缺失时，排水产生的压力波动、居家排气扇的抽吸等都可能造成病原菌进入房间，进而感染康复人员和健康人员。当康复人员身体中的免疫抗体无法抵御入侵的病原菌时，就会出现病情反复现象。

二、建筑给水系统设计的反思

1. 生活饮用水系统的设计反思

保证建筑生活饮用水系统的水质安全十分重要，我国终端龙头处的水质保障标准是比较完善的，运行与维护管理也有行业标准《二次供水工程技术规程》CJJ 140—2010和协会标准《二次供水运行维护及安全技术规程》（T/CECS 509—2018）。但实际生活中经常会有出水水质不符合要求的现象，主要原因还是系统中的生活水池、生活水箱未得到及时清洗，系统未设计消毒设施或消毒设施未起到消毒作用。

2. 直饮水系统的设计反思

集中管网式直饮水系统，运行维护和水质监测的专业性强，一般建筑特别是住宅建筑的物业管理人员很难胜任。如果运行维护和管理不到位，很可能会出现直饮水水质不符合相关标准要求的情况。

3. 生活热水系统的设计反思

2020年3月12日，国家卫健委高级别专家组组长、中国工程院院士钟南山教授应约同欧洲呼吸学会候任主席安妮塔·西蒙斯博士进行视频连线，介绍中国抗击新冠肺炎疫情的成果和经验时，特别提醒对于新冠病毒的传播途径仍需深入研究，查明是否由于淋浴器或排气管泄露造成。他举例说，2月29日，钻石公主号上共有709名患者（近20%的乘客）感染了新冠病毒，究其原因，可能是通过管道或淋浴器传播所致。集中生活热水系统的正确设计、运行与维护，以及防疫期间采取的一些强化应对技术措施，是巩固新冠肺炎防疫工作取得的成果，保障百姓身体健康的需要。

淋浴器花洒头有一定的出水温度，具有产生气溶胶的条件。气溶胶是集中生活热水系统传播细菌病毒的一种典型方式，如新冠病毒由病毒携带者传播进入集中生活热水系统中，经由集中生活热水系统管道随水流传播，在淋浴器处，以气溶胶形式被使用者吸入肺部，致人体感染病毒后，病毒在人体内繁殖、传播。集中生活热水系统将成为新型冠状病毒社区竖向传播的传染源，其潜在危害风险大，影响范围广，必须采取正确的预防措施，切断细菌、病毒在淋浴器传播的条件。

医院住院部、疗养院、酒店等建筑均设有集中生活热水系统，部分住宅、宿舍也设有集中热水系统。现行《建筑给水排水设计标准》GB 50015—2019规定：系统不设灭菌消毒设施时，医院、疗养所等建筑物水加热设备的出水温度应为60—65℃，其他建筑水加热设备的出水温度应为55—60℃；系统设灭菌消毒设施时，水加热设备出水温度均宜相应降低5℃；配水点水温不应低于45℃。目的是为了消灭活细菌、病毒和寄生虫以及抑制病菌在集中生活热水系统中的传播和定植，经验表明，如果系统能够按照标准规定的温度运行，完全可以达到上述目的。但在实际工程中，为了节约能源和成本支出，很多场所集中生活热水系统加热设备的出水水温和回水温度达不到标准的要求，造成集中生活热水系统中的细菌病毒指标超过行业标准《生活热水水质标准》CJ/T 521—2018和协会标准《生活热水水质安全技术规程》T/CECS 510—2018的相关指标要求。

4. 建筑中水系统的设计反思

国家标准《民用建筑节水设计标准》（GB 50555—2010）中对于建筑面积大于3万m^2的宾馆、饭店，建筑面积大于5万m^2且可回收水量大于100m^3/d的办公、公寓，建筑面积大于5万m^2且可回收水量大于150m^3/d的住宅建筑推荐设置中水处理设施。国务院颁发的《水污染防治行动计划》规定从2018年起，单体建筑超过2万m^2的新建公共建筑，北京市2万m^2、天津市5万m^2、河北省10万m^2以上集中新建的保障性住房，应安装建筑中水设施。

对于公共建筑，特别是住宅建筑，采用市政中水或自建中水用于冲厕，由于水处理管理不专业、不到位，回用中水水质不达标或者中水给水管与生活饮用给水管道错接等原因，都可能造成病毒通过中水系统进行传染的风险。

5. 建筑雨水回用系统的设计反思

由于海绵城市建设的需要，在工程设计中常采用雨水回用系统。对于雨水只回用于绿化浇洒、道路冲洗、汽车库地面冲洗、观赏性水景等非与人接触的情况，现行雨水处理工艺一般只采用过滤，并不设置消毒设施。这样就可能存在病毒通过雨水回用系统进行传染的风险。

3.2 后疫情时代建筑给水排水设计改进建议

按照习总书记关于新冠肺炎疫情常态化防控工作的重要指示精神，整个社会目前已进入常态化疫情防控工作。针对这次疫情，我们设计建筑给水排水系统时，要有风险防控的意识，采取技术措施保障我们的给水排水系统更加安全、可靠。

一、建议进一步强化建筑排水系统安全性设计的原则

各种性质的建筑排水系统安全性设计的共性原则：

（1）排水体制采用雨、污分流。

（2）合理选择卫生器具，保持卫生器具水封可靠。

大、小便器均宜选择构造内有存水弯的卫生器具，大便器宜选用冲洗效果好，污物不易粘附在便器内且回流少的器具，不宜选择构造内无存水弯的大、小便器。

洗手盆不采用盆塞，防止自虹吸抽吸水封的水。根据新冠病毒的预防措施，要保持手部卫生，需要用流水洗手，所以洗手盆不要采用盆塞。

卫生器具选型宜采用挂式安装。卫生器具挂式安装，便于地面清洗消毒，没有卫生死角，易于彻底消毒。

（3）针对不同的场所，选择合适的地漏，并保证地漏的水封有效。

（4）合理设置通气管道，保证污（废）水管道内的气压稳定。

（5）保证分体空调冷凝水的间接排放。

（6）保证污（废）水系统的通气管道、化粪池的通气管、一体化污水提升设备的通气管、一体化污水处理设备的通气管以及成品隔油器的通气管等

在高空排放。

（7）针对医疗建筑，还有以下几个原则需要遵循：

传染病医院建筑内污染区和清洁区的污（废）水应分别排放，且污染区污（废）水应排到预消毒池，消毒后再排至院区污水处理站；污染区如病房医技及ICU等区域的卫生器具和装置的排水通气系统均应独立设置。避免污染区带有病毒的废气传播到清洁区，造成感染。排水系统的通气管口不应接入空调通风系统的排风管道井，应上排至屋面高空排放。室外排水检查井采用密封井盖，并设置不小于DN100的通气管，将室外排水管道中的废气上排至屋面处理后排放。

另外病房、化验室、试验室等同一房间内的卫生器具不能共用存水弯，洁净手术部洁净区内不设置地漏。洁净手术部内其他地方的地漏，应采用设有防污染措施的专用密封地漏，且不采用钟罩式地漏。

对于含有特殊污染物的废水应单独收集，例如放射性废水、牙科废水和分析化验采用的有腐蚀性的化学试剂等应各自单独收集处理，并应综合处理后再排入院区污水管道或回收利用。

对于传染病医院，其室外场地雨水应隔离地下水系，雨水集中消毒处理。为防止污水渗漏和雨水下渗，与地下水系统发生交换，带来地下水的污染风险，在用地范围内可满铺HDPE防渗膜，避免雨水下渗。室外场地雨水的径流组织为快速排向雨水口，通过管道收集集中排放，减少对周边水体的污染风险。室外雨水应采用管道系统排水，不采用地面径流或明沟方式排放。采用地面径流或明沟排放，一旦被新冠等传染性极强的病毒感染，易再次通过室外雨水排水扩散病毒，接触到易感人群，增加导致新冠感染的肺炎爆发或流行的风险。传染病医院建筑应强化污水消毒处理，雨水消毒后排放。污水处理设施尾气集中收集消毒处理后排放。

二、建议强化建筑排水系统设计的内容

1. 地漏的设置

《建筑给水排水设计标准》GB 50015—2019 第4.3.5条对地漏的设置场所做出规定，要求卫生间、盥洗室、淋浴间、开水间的地面排水应设置地漏；洗

衣机、直饮水设备、开水器等设备的附近应设置地漏；食堂、餐饮业厨房应设置地漏。全文强制性国家规范《住宅建筑规范》GB 50368—2005 中第 8.2.8 条规定：设有淋浴器和洗衣机的部位应设置地漏。

地漏是建筑排水系统安全性最薄弱的环节。地漏的设置涉及设计施工以及后期的管理维护，卫生间内设置干湿地漏是最基本的，湿区地漏直接排水，干区地漏若能不设置尽量不设置（例如住宅普通居民大多习惯用拖把清洁卫生间 / 厨房地面，较少用水冲洗，因此导致大部分卫生间 / 厨房地漏的水封水量不足甚至干涸，失去了水封隔气的功能），若一定要设置地漏，应采用重力作用的地漏，实现有排水时地漏打开、无排水时地漏封闭，最大限度地防止废气上窜。另外就是考虑干区地漏和洗手盆或淋浴间共用水封，防止地漏水封的干涸。或将洗手盆排水（不经存水弯）直接排入自带水封的多通道地漏，再汇入排水立管。

2. 建筑排水系统的选择

同层排水系统是近年来大力发展的技术，标准规范及产品体系均较成熟。《建筑给水排水设计标准》GB 50015—2019 第 4.4.6 条规定住宅卫生间宜采用不降板的同层排水。因为多一个排水点增加污染的概率，不降板的同层排水不存在沉箱二次排水问题。在同层排水中，建议废水采用共用集成水封。只要有一个排水器具排水，共用水封就能得到补水，水封就不会干涸。而洗脸盆的使用频率极高，可实现对水封的补水，特别解决了地漏水封易干涸的问题。

另外我们在设计建筑排水系统时，要考虑到以下几个方面：

生活排水立管应采用设置专用通气立管的方式，做好立管顶部负压及底部正压形成的防护，可考虑设置器具通气管；单立管系统应采用特殊单立管，增大排水立管的排水能力。特殊单立管排水系统有苏维托特殊单立管系统、AD 型特殊单立管系统、集合管型特殊单立管系统等，均有相关的协会技术规程，设计可按照相应的规程执行；对于设有通气立管的住宅底层排水系统推荐单独排放，减少顶层住户不正确使用排水管道系统对底层住户的影响；伸顶的排水通气帽的位置一定要考虑不同季节的风向影响，杜绝在不同季节风向对排水系统的影响。

3. 排水系统的安全运行与维护技术措施

有毒有害气体与室内环境相隔离的条文均是强制性条文。设计到位，为何还往往发生排水系统安全性的缺失，这就是排水系统在运行与维护管理方面缺乏相应的专用国家或行业标准，排水系统在平时的运行与维护管理方面做得不够好造成的。由此可见排水系统的运行与维护是保证建筑排水系统安全性的重要内容。

为了公共卫生与健康着想，建筑的物业管理者和使用者都有责任确保建筑排水系统得到正确维护。针对此次疫情，有关单位编制了办公建筑、住宅建筑的运行与维护管理技术措施。

4. 化粪池的定期自动消毒

安装在线监控设备对化粪池消毒后的污水进行在线监控监管。

三、建议强化建筑给水系统设计的内容

1. 生活饮用水系统

建议规程中的水箱清洗周期由现有的每半年一次改为每季度一次，在疫情期间加强清洗；建议对消毒剂和消毒设施进行系统研究，提供细菌病毒杀灭率高、持续时间长、无副作用的消毒剂和消毒设施供工程设计选用；建议新建、改建工程的二次供水泵房设置在线监测设备，对浊度、pH 值及余氯等实施监测。建议制定运行与维护的国家标准，强化运行与维护管理能落实到位。

2. 直饮水系统

建议设计过程中需要结合工程的运行维护管理进行设计方案的比选，如运行维护管理能力预计达不到要求，则建议选择终端分散式直饮水系统，减少水质不达标引起的群体性健康风险。

3. 生活热水系统

为了保障集中生活热水用水水质安全，建议对现行标准进行修改，规定集中生活热水系统必须设置安全有效的消毒装置，取消集中热水加热器的出水温度在设置消毒装置时宜降低 5℃的规定。另外对于运营维护管理做出规定，采用热冲击法，定时提高水加热器的温度到 75—80℃，或对热水供水进行银离子消毒等，将原生动物、病原体或者细菌杀死。

4. 建筑中水系统

建议公共建筑采用市政中水冲厕时，应进行进一步处理，以达到国家标准《城市污水再生利用 城市杂用水水质》GB/T 18920—2002 中冲厕水质标准，并且要求配备专业人员进行运维；对于自建中水处理系统，建议回用水不用于冲厕。建议住宅建筑不采用市政中水用于冲厕，也不自建中水处理设备。

5. 建筑雨水回用系统

为了防止病毒传播，建议相关标准中增加设置消毒设施的条款。另外在疫情期间，建议改用自来水作为水源。

四、建议完善建筑给水排水系统安全性监测

我们要充分利用智能化的先进手段，对水质、设备等实行实时在线监控，以保证给水排水系统的安全性。

（1）在线监测化粪池消毒后的污水中大肠菌群数量、余氯等指标。

（2）在线监测排水器具水封的高度。

（3）对二次供水水质进行实时监测含余氯、浊度、PH，并与设定值对比，有异常现象时自动报警。

（4）对分散的直饮水机的水处理设备、水质及设备开关实行集中在线监控，水处理设备需要更换时自动报警。

（5）对集中生活热水的水质进行实时监测，含水温、军团菌数等指标。

五、酒店建筑用于疫情隔离区的建筑给水排水系统设计及管理建议

作为临时隔离用途的酒店建筑，主要接收四类群体，包括为疫情服务的一线医护工作人员、需要隔离医学观察的人员、疑似患者以及确诊病例中未出现明显不适症状的患者。

1. 酒店用于疫情隔离区的建筑给水排水系统应具备的硬件条件

酒店应有完善的给水、热水、排水和消防灭火系统。生活用水水质应符合现行国家标准《生活饮用水卫生标准》GB 5749—2006 的规定。生活热水加热设备出水温度不低于 60℃。隔离确诊病例中未出现明显不适症状的患者，其酒店客房的排水系统与其他非客房功能的排水系统应分开设置，室外应具

备设置污水处理设施的条件。

污水处理应在当地疾控部门的指导下，规范进行收集并做处理。不具备设置临时污水处理站条件的酒店，应因地制宜地建设临时性污水处理罐，采取氯、二氧化氯消毒，严禁排放未经消毒处理的污水。对于隔离确诊病例但未出现明显不适症状患者的酒店，应严格执行《医疗机构水污染物排放标准》GB 18466—2005，《新型冠状病毒污染的医疗污水应急处理技术方案（试行）》（环办水体函【2020】52 号）的相关规定，对其污水进行处理达标后排放。

2. 设计应提供疫情期间酒店给水排水系统运行安全的管理指南

酒店运营管理者应组织排查和完善二次供水系统、直饮水系统、污水系统、废水系统、中水系统及空调冷凝水收集系统以及所有排水点与管道连接的水封装置。排水器具与排水系统的连接，必须通过水封阻断下水管道内的污染气体进入室内。保证客房卫生间的地漏水封有水，应定期灌注。对于有漏水现象的应及时登记，更换带有完整水封的排水管道或将排水器具封闭，漏水应及时维修。封闭方法为，用塑料布、湿毛巾、胶带等完全覆盖封严。应建立和执行供水水质在线监测。正常情况下，生活饮用水、管道直饮水、生活集中热水应严格按照国家相关标准的规定进行水质检测。集中热水系统应采用高温或银离子消毒等措施。疫情期间应关闭市政再生水，以自来水代替。

六、高大公共建筑（会展中心、体育馆等）改建方舱医院建筑给水排水系统设计的技术措施

方舱医院，是为了解决大量轻症疫情患者的收治，充分利用既有建筑，在最短的时间内，以最小的成本建设和改造临时收治场所，从而实现有效控制传染源，最大限度地救治患者的目标。

高大公共建筑（会展中心、体育馆等）平面面积大，空间大，适宜改造为方舱医院，为此给水排水系统设计应采取以下技术措施。

1. 排水设计

方舱医院分为医护区和病区两个区。作为疫情患者的临时收治点，方舱医院的污水主要来源是医护区生活废水、病区生活污废水和少量的医疗废水。因此在设计时要做到室外雨、污分流。医护区和病区排水分别独立设置。医

护区排水污染程度较低，可与当地环保部门现场踏勘后商议确定，医护区的排水充分利用现有的三格化粪池进行消杀灭活处理。消毒接触时间宜采用1.5—2小时。消毒剂可采用漂白粉、二氧化氯、次氯酸钠等。余氯量应大于6.5毫克/升（以游离氯计），粪便大肠菌群数少于100个/升。同时，应安装在线监控设备对化粪池消毒后的污水进行在线监控监管，并由专业消毒公司在接入市政管网入口处进行二次消毒杀菌。建筑内既有的固定卫生间仅供身体健康的医务工作人员使用。各收治点选用移动厕所供病患使用。移动厕所使用后第一时间自动投放漂白粉至厕所下储存仓内，排泄物经集中收集消毒后由城管部门运往污水处理厂处理。移动厕所排水设置管道连接，为了减少管道开挖，排水管敷设在地面。50米间距设置一通气管，清扫口的间距应符合现行规范的要求。移动厕所的排水管道收集后排至室外的密闭污水储罐临时消毒、储存，再由城管部门定期用吸粪车外运处理。在室外排水管道范围内地下铺设防渗膜。

2. 生活给水系统设计

生活给水系统设计对于医护区、病区和其他区域分别作为独立的区域进行管网设计，避免管道相互串接，防止病毒经过生活给水管网传播。

3. 热水系统设计

分区设置原则同生活给水系统，对于淋浴区域采用集中热水供应系统时，应保证回水温度不小于50℃，将回水加热至75—80℃并保持10分钟，或对热水供水进行银离子消毒等。

4. 饮用水设计

疫情期间停用管道直饮水，提供桶装水经饮水机加热供应或瓶装水，也可设置临时电开水炉。

3.3 总结与未来展望

健康是促进人全面发展的必然要求，是经济社会发展的基础条件，是民族昌盛和国家富强的重要标志，也是广大人民群众的共同追求。疫情之后，健康建筑更加成为人们所追求的目标。健康建筑是指在满足建筑功能的基础上，为建筑使用者提供更加健康的环境、设施和服务，促进建筑使用者身心健康，实现健康性能提升的建筑。为此，由中国建筑科学研究院、中国城市科学研究会、中国建筑设计研究院有限公司会同有关单位编制了建筑学会标准《健康建筑评价标准》T/ASC 02—2016（以下简称《标准》)。《标准》中水一节从水质、系统、监测三方面提出了具体的目标。健康建筑给水系统的设置宗旨，是为建筑使用者提供健康、高品质的用水和安全、舒适的用水体验，建筑二次供水水质保障技术是实现这一目标的关键。当前健康建筑在系统设置和运行维护过程中可采用的水质保障措施总结归纳为预防水质恶化、水质监测、水处理三个主要方面。涉及的主要技术和管理措施包括：二次供水系统的储水设施、供水管道、集中生活热水系统、预防水质恶化措施；水质在线监测、定期检测及结果公示；消毒、过滤、软化等主要水处理技术及直饮水处理系统等。健康建筑在排水系统方面强化同层排水和水封的设置。

这次疫情尚未结束，但突发的传染病已成为世界公敌，为满足防控疫情需求，保障人民生命安全和身体健康，有必要开展传染病收治应急医疗设施建设，未雨绸缪，提升对突发疫情的应急能力。

装配式建筑具有“工厂化生产、现场快速装配”的特点，能够在较短时间内建成满足医疗需求、同时品质较高的传染病医院。整合建筑全产业链的设计、制造、安装厂家，将若干个满足医疗建筑要求的部品部件单元在工厂内完成预制，所有精装修、固定医疗器具、集成医疗带、集成卫浴、成品收纳家具等，都在工厂制造安装完成。所有预制成品集中存储保养，在需要的时候运输到指定位置，通过适当方式沿竖向和水平方向进行拼接，最终形成完整的装配式应急医院。

疫情结束后，应急医院可通过消毒及拆卸进行回收，对破损部位维修、更新替换后，再集中存储，以备下次的需要。

装配式应急医院给水排水的技术要求：

总则

给水排水系统在设计中体现以人为本，简单、实用、安全、环保的设计理念。

1. 给水系统

生活给水尽量充分利用市政水压直接供水。若市政水压不能满足直接供

水的要求，宜采用水箱 + 变频供水设备联合的供水方式。装配式卫生间应在工厂内完成给水管道的预埋，在墙上预留洁具的装饰水插座。

2. 热水系统

热水系统推荐采用空气源热泵的集中热水闭式系统，也可以采用分散设置电热水器等其他形式。空气源热泵机组、热媒循环泵及热水罐等应采用装配式集成热水机组。机组应自带相关仪表、阀门和 PLC 控制器，可实现温度、水泵及设备运行等相应参数的控制要求。应保证热水水质，采用银离子消毒器等消毒措施。装配式卫生间应在工厂内完成热水管道的预埋，在墙上预留洁具的装饰水插座。

3. 排水系统

污染区的污、废水与清洁区的污、废水应各自独立排放，污染区的污、废水应先排至预消毒池消毒。病房、医技和 ICU 等与办公区、清洁走廊等卫生器具和装置的排水通气系统均独立设置。合理选择卫生洁具，保持器具水封可靠。尽量采用同层排水技术。装配式卫生间预留排水管道接口。

4. 直饮水系统

宜采用末端带处理的直饮水机，直饮水机出水水质应符合《饮用净水水质标准》CJ 94—2005。直饮水机处预留装饰水插座和排水管道接口。

5. 污水处理站

应急医院的传染病门诊、病房的污水、废水宜单独收集，污水应先排入化粪池，灭活消毒后应与废水一同进入医院污水处理站，并应采用二级生化处理，达标后再排入城市污水管道。医院污水处理后的出水水质应达到现行国家标准《医疗机构水污染物排放标准》GB 18466—2005 中有关传染病、结核病医疗机构污染物排放限值。应采用工厂预制的一体化污水处理设备。污水处理设施尾气集中收集消毒处理后排放。

6. 消防

消防给水尽量利用市政水压直接供水。若市政水压不能满足消防用水的要求，宜采用消防水池 + 气压供水设备联合的供水方式。消防水泵房应采用整体预制泵站。若为临时应急医院，可采用与生活给水系统共用的消防软管卷盘或轻便消防水龙头。

7. 管材

室内给水管道干管宜优先采用钢塑复合管（卡箍连接）、SUS30408 薄壁不锈钢管（卡压或环压连接），给水支管（小于等于 DN50）宜优先采用 PPR（热熔连接）。室内热水给水支管宜优先采用热水型 PPR 管（热熔连接）。室内排水管道宜优先采用 HDPE 管（热熔连接）、PVC-U 管（粘结）、柔性抗震铸铁管（卡箍连接）。

我们祈盼疫情的早日结束，我们在疫情过程中摸索前行。相信随着科学技术的不断发展，人类的力量终将战胜病魔。

第4章　暖通空调专业

4.1　疫情来临时，暖通空调专业的思考

一、地区性传染病医院设立的思考

1. 必要性

新冠肺炎，其病原体为新型冠状病毒，是一类传染性极强的疾病。国际卫生组织（WHO）已将该疾病正式命名为2019冠状病毒病（Corona Virus Disease 2019，COVID-19）。从确诊患者的病例中可以看出，呼吸道飞沫传播、接触传播和气溶胶传播是新冠肺炎主要的传播途径，目前多地已经从确诊患者的粪便中检测出新型冠状病毒，因此新冠肺炎同样存在粪口传播的风险。从全国患者的年龄分布来看，各年龄段人群均对新型冠状病毒没有抵抗性，只要满足传播条件均有可能被感染。我国新冠肺炎患者数量庞大，由于呼吸道传染病医院建设较为滞后，政府在应对突发性传染病爆发的措施上，当前医疗设施和防控条件存在着严重的不足，甚至出现较多不规范的做法。众多患者在感染初期没有得到及时治疗与隔离控制，不仅给周围的亲朋好友带来交叉感染的风险，还导致患者病情加重，甚至造成死亡。例如，这次新型冠状病毒肺炎爆发期间，武汉市在原有金银潭传染病医院的基础上临时建设应急火神山医院和雷神山医院，并在武汉洪山体育馆、武汉客厅、武汉国际会展中心建设应急“方舱医院”，这些措施在一定程度上缓解了新冠肺炎患者不能集中隔离收治的状况，对新冠肺炎疫情的防控起到了重要的作用。

新冠肺炎患者分为四种类型：普通型患者、轻症患者、重症患者和危重症

患者，其中，普通型患者和轻型患者占比 90%，重症患者和危重症患者占比 10%。新冠肺炎会危及生命安全，甚至导致死亡。新冠肺炎患者主要表现为急性呼吸道感染，发病时常见症状为发热、咳嗽、肌痛或疲劳，不典型症状包括咳痰、头痛、咯血和腹泻。临床治疗中，所有患者均存在肺炎疾病，大约半数患者出现呼吸困难、淋巴细胞减少，并发症患者包括急性呼吸窘迫综合征、急性心脏损伤和继发感染。确诊后的新冠肺炎患者，普通型患者和轻症患者需要接受吸氧、机械通气、静脉抗生素和奥司他韦治疗，部分重症患者需要接受机械通气治疗和体外膜肺氧合治疗，极少部分危重症患者需要接受重症监护室（ICU）治疗，必要时进行有创通气治疗。

在具备有效隔离条件和防护条件的定点传染病医院，必须对确诊病例和疑似病例进行隔离诊治。重症患者和危重症患者收治入院治疗，由呼吸科或传染病专科医护人员进行救治；普通型患者和轻症患者关键在隔离，不需要特殊治疗，或仅是对症治疗。没有新冠肺炎症状但与新冠肺炎患者接触的隐性感染者不需要特殊治疗，必须对其采取 14 天的医学观察，可以征用专门的医院病房、学校宾馆等进行隔离管理，配备医护人员，做到定期巡诊，尽量不占用有限的病房床位、专科治疗和医护人员等医疗资源。传染病医院的隔离空间功能需要满足医护人员与患者分区分流、洁污分区分流、人与物品分区分流、传染病与非传染病分区分流、不同传染病分区分流等基本要求，而诊疗空间功能则必须严格划分出污染区、半污染区、清洁区，这样有利于防控应急情况下各区域展开有效的隔离工作，从而遏制疫情扩散蔓延。在气流组织上，传染病医院必须考虑空气压力梯度，要求气流从洁净区、半洁净区、污染区单向流动，目的是清晰组织传染病医院的各种人流、物流，使其各行其道，避免发生交叉感染。

随着疫情逐步得到控制，建设强大的传染病防治体系会纳入国家工作规划，尤其在人口稠密地区或人流密集的进出口岸区域，新建永久性传染病医院十分必要，而且迫在眉睫。

2. 传染病医院通风空调系统

到目前为止，国内疫情基本得到控制，但国外抗疫形势依然不容乐观。经过这次疫情，各地医院纷纷改建、新建用于收留、治疗传染病患者的场

所，建设区域性的传染病医院势在必行。《传染病医院建筑设计规范》GB 50849—2014 的发布，加快了我国医院建设的步伐，为医院建设者指明了道路，提供了依据。本规范适用于新建、改建和扩建的传染病医院和综合性医院传染病区的建筑设计。在进行空调通风系统设计前，首先要明确的是服务区域病原体的传染途径，根据不同的传播途径划分不同的传染病区，不同的传播途径，气流组织也不一样。传染病医院主要收治的对象是带有传染性病原体的病人。病原体可以是病毒、细菌、原生生物、寄生虫等；传染病的传播途径可以分为空气传播和接触传播两大类，不过凡是能通过空气传播的也能通过接触传播。传染病区分为呼吸道传染病区和非呼吸道传染病区以及负压隔离病房，而负压隔离病房的主要预防对象就是空气传播，其与呼吸道传染病区的区别在于，负压隔离病房控制是空气中致命性的病原体，需要的是密闭性的空间，不能自然通风，因此所需要的换气次数也高。负压隔离病房属于比较特殊的病房。

（1）通风系统设计

应急传染病医院应设置机械通风系统；机械送、排风系统应按半清洁区、半污染区、污染区分区设置独立系统。空气静压应从半清洁区、半污染区、污染区依次降低。半清洁区送风系统应采用粗效、中效不少于两级过滤；半污染区、污染区送风系统应采用粗效、中效、亚高效不少于三级过滤，排风系统应采用高效过滤。负压病房送风口、排风口的位置应参照负压隔离病房的规定设置。送风、排风系统的各级空气过滤器应设压差检测、报警装置。隔离区的排风机应设置在室外；隔离区的排风机应设在排风管路末端、排风系统的排出口。不应临近人员活动区，排气宜高空排放，排风系统的排出口、污水通气管与送风系统取风口不宜设置在建筑同一侧，并应保持安全距离。新风的加热或冷却宜采用独立直膨式风冷热泵机组，并应根据室温调节送风温度，严寒地区可设辅助电加热装置。应急传染病医疗设施宜根据当地气候条件和围护结构情况，隔离区可安装分体冷暖空调机，严寒、寒冷地区冬季可设置电暖器。分体空调机应符合下列规定：①送风应减小对室内气流方向的影响；②电源应集中管理。CT 等大型医技设备机房应设置空调。

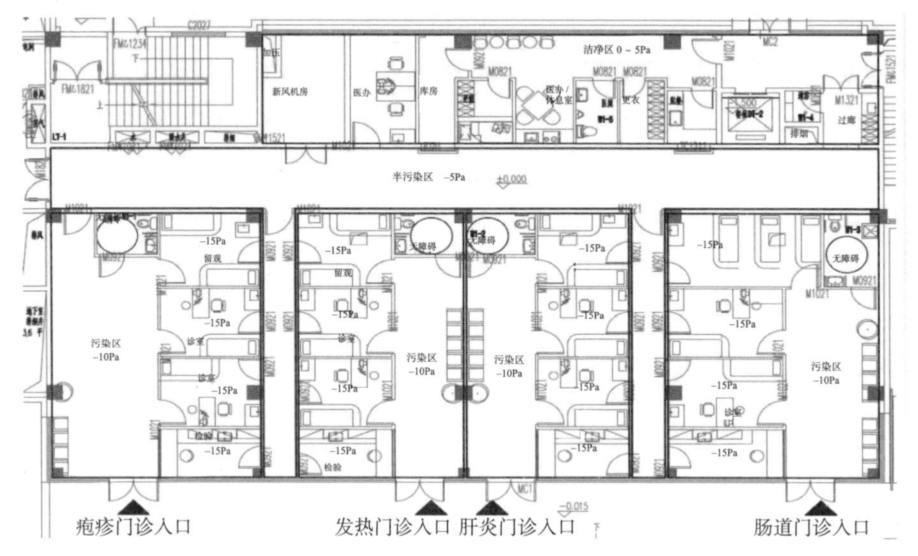

图 4.1　一层各功能区压差分布图

（资料来源：曾亮军，王学磊．传染病医院通风空调系统的设计特点 [J]. 洁净与空调技术，2019，1）

（2）负压隔离病房设计

负压隔离病房应符合下列规定：①应采用全新风直流式空调系统；②风应采用粗效、中效、亚高效过滤器等不小于三级处理，排风应采用高效过滤器过滤处理后排放；③排风的高效空气过滤器应安装在房间排风口部；④送风口应设在医护人员常规站位的顶棚处，排风口应设在与送风口相对的床头下侧；⑤负压隔离病房与其相邻相通的缓冲间、缓冲间与医护走廊的设计压差应不小于 5Pa 的负压差；门口宜安装可视化压差显示装置。⑥重症患者的负压隔离病房可根据需要设置加湿器。

应急传染病医院的手术室应按直流负压手术室设计，并应符合国家现行标准《医院洁净手术部建筑技术规范》GB 50333—2013 的有关规定。隔离区空调的冷凝水应集中收集，并应采用间接排水的方式排入医院污水排水系统统一处理。

传染病医院或传染病区应设置机械通风系统，各区域的机械送、排风系统应独立设置。一般来讲，综合性医院传染病区分设呼吸道病区和肠道消化病区。150 床以上的传染病医院除设置呼吸道病区和肠道消化病区外，可根据

规模分别设置肝炎病区、肺结核病区以及其他病区。这里的呼吸道病区也应该包括肺结核病区，其余病区均为非呼吸道病区。

（3）压力梯度

传染病病区均分为三个区域：清洁区、半污染区、污染区。清洁区主要为医生、护士办公区域，需要正压。半污染区主要为治疗室、处置室等治疗区和护士站、走道等；污染区主要为病房及与之相连的污物通道，门诊则为各病区的门诊医技用房。其压力梯度依次为清洁区＞半污染区＞污染区，建议压力梯度 5—10Pa，呼吸道区域再比相邻区域低 5—10Pa。

为确保各功能区之间的压力梯度值满足工艺要求，应使得空气压力从清洁区至污染区依次降低，清洁区为正压，污染区应为负压。气流需沿半污染区医护走廊→病房缓冲间→病房→卫生间方向流动，且相邻房间压力梯度不小于 5Pa。病患走廊为与室外空气相通的开敞走廊，压力值为 0Pa。病房区与医护区之间的缓冲间应保证绝对正压区，有效阻隔病房区空气流入医护区。将病房送排风系统小型化，并在每间病房送、排风支管上设置定风量阀及电动密闭阀，既有效地保证了压力梯度，又极大地方便了系统调试。同时，风机风量的合理控制避免了风机运行噪声和振动对病房人员的影响。

病房与医护走廊的墙面上装有显示不同区域压力差值的微压差计，各区相邻区域设置压差表，便于医护和维护人员实时观察房间压力梯度并由此推断送、排风系统是否运行正常。

（4）压差换气次数的取值

一般清洁区保持对室外和半污染区的压力为 0—5Pa，半污染区为 –5Pa，污染区走道为污染区核心区域如病房、门诊医技用房等为 –30Pa。

流量与压差的关系如下：

$$Q = 3600\mu F(\Delta P/\rho)^{1/2}$$

式中　μ —— 流量系数，一般取 0.3—0.5；

F —— 缝隙面积（m^2）；

P —— 空气密度，取 1.2kg/m^3；

Q —— 泄露风量（m^3/h）。

也可根据经验估值：压差为 5Pa 时，换气次数为 1—2 次 /h，10Pa 时，换气次数为 2—4 次 /h；经计算压差风量为 150m^3/h 时，压差值为 20—25Pa，是满足要求的。

（5）空调冷、热源

传染病病区冷、热源可以单独设置，也可以和整个医院冷、热源合用。其形式有两种：一种为制冷剂系统，一种为空调水系统；空调系统采用风机盘管独立新风系统，北方地区如无空调系统，应采用集中采暖，设置散热器 + 独立新风系统。

（6）新风量计算

呼吸道传染病区的门诊、医技用房及病房、发热门诊新风量的最小换气次数应为 6 次 /h，清洁区每个房间的新风量大于排风量 150m^3/h，污染区每个房间排风量大于新风量 150m^3/h。因此清洁区和半污染区的新风换气次数要远远高于 2 次 /h，假设一间门诊按 15m^2，吊顶高度按 3m 计算，150m^3/h 的风量差，换气次数差值就要 3.3 次 /h，清洁区和半污染区的新风换气次数最少就要 5.3 次 /h。同时还需要满足人员最小新风量 40m^3/h.p 的要求，换气次数有可能更高，冷、热负荷就大了，因此在负荷计算和风量平衡计算时需要引起注意，对不同面积的房间的新风换气次数要不断进行修正，以满足规范要求。

非呼吸道病区的门诊、医技用房和病房新风量的最小换气次数应为 3 次 /h，只要求污染区房间保持负压，每个房间排风量应大于送风量的 150m^3/h。非呼吸道传染病区也应该遵循清洁区、半污染区、污染区的有序压力梯度要求，只不过对清洁区和半污染区的新风换气次数降低了要求，只需要满足规范要求新风量以及相应的排风量。

（7）气流组织

通风系统通过风量设置和风口位置控制气流流向，确保气流按清洁区→半污染区→污染区的方向流动，形成有序的压力梯度，以达到有效阻断病毒传播，保证医护人员安全健康的目的。室外新鲜空气经加热处理及过滤净化后，通过送风口送至病房医护人员停留区域，然后流过病人停留的区域进入排风口，保证气流流向的单向性，及时排走病床附近的污染空气。负压隔离病房采用顶部侧送风的形式，排风口则设置在病房内靠近床头的下部，空调送风

口不应设置在病人头顶，而应该让气流经过医生护士位置后再经病人区排走，可以最大限度地保护医生、护士和病人家属。非呼吸道传染病区可以采用上送上回的方式，而呼吸道传染病区则采用上送下侧回的方式，排风口设在病床侧下方或对着房间门的那面墙下方，设计成回风柱，排风口底边距地不小于 100mm，上边距地不高于风速不大于 1.5m/s，有利于及时排走污染空气。

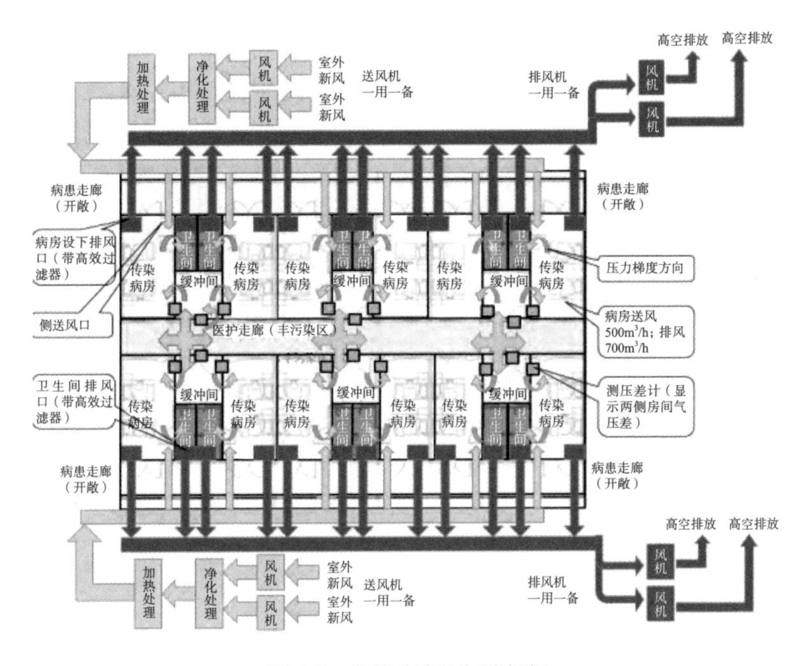

图 4.2　传染病房的气流组织

（资料来源：吕中一，陶邯，张银安．负压隔离病房通风空调系统设计与思考）

（8）过滤、杀菌

风机盘管＋新风系统因系统简单、可靠，可独立控制，舒适性空调系统应用最为广泛，但也存在滋生细菌，形成二次污染的风险，其主要原因是空调末端盘管长期有冷凝水产生，空气中的病菌与水接触，易繁殖，形成二次污染，因此空调末端需要采用过滤杀菌消毒的措施。由于风机盘管最大余压只有 50Pa。更高的余压就需要定制，不仅造价高，噪声和能耗也高了，普通的尼龙过滤器是达不到此要求的。根据要求：集中空调系统和风机盘管机组的回风口必须设初阻力小于50Pa、微生物一次通过率不大于10%以及颗粒物一次计重通过率不大于5%的过滤设备。风机盘管回风口过滤器的两种选择：一种是超低阻高中效过滤器；另一种是高压静电除尘+活性炭过滤器，配置光氢等离子净化设备，就是市面上所讲的回风口式光氢等离子净化设备。由于高压静电除尘会产生少量臭氧，活性炭主要是吸附臭氧。光氢等离子净化设备是杀菌。该过滤器组合对0.5μm颗粒物的一次性净化效率大于95%。杀菌率大于99.96%，阻力小于50Pa。此类产品品牌众多，价格参差不齐，各种档次都有，尽量选用电极直径小，臭氧产生量少的静电设备。

病毒主要通过依附于空气中的悬浮颗粒物进行传播，因此降低室内空气悬浮颗粒物浓度能有效降低病毒的传播条件。新型冠型病毒直径约60—220nm，附着有冠状病毒的悬浮颗粒直径大于0.1μm，H13高效过滤器过滤效率高于99.9%，能有效过滤空气中的0.1μm及其以上的悬浮颗粒。因此送风系统均设置初效、中效及高效三级过滤器；排风系统则设置高效过滤器，同时接至屋面5.4m的高度高空排放。屋面新风取风口与排风口的水平间距不小于20m或垂直间距不小于6m，避免送排风气流短路。通过上述过滤措施可有效保证送入空气的洁净度和安全性，避免排风对周边环境的污染。同时在室内排风口附近设置紫外线杀菌装置，以达到消毒杀菌的作用。

传染病医院为了维护各区域压差、人员呼吸换气次数以及防感染要求，均需要设置新排风系统。由于医院所服务的人群不同，周边空气带有不同浓度、不同类型的病原体，并根据当地室外PM10的年平均值，在新风通道上设置一至两道过滤系统，为了安全考虑，新风通道上还应该设置杀菌净化装置；房间排风系统尤其是呼吸道传染病区的排风系统，其排风通道上也应该设置过滤、杀菌净化装置；所有的过滤、杀菌净化装置均设置于风机出风段。

（9）空调冷凝水的排放

对于采用空调冷、热水系统的传染病医院，其水系统与其他医院病区没有区别，但对于冷凝水系统来讲，各病区要分开排放，集中收集处理后才可与医院废水一同排入污水处理站。传染病医院的不同传染病区由于其致病源不一样，末端设备回风与冷凝水接触，使冷凝水也带有致病源，如果与其他传染病区合用冷凝水系统，空调系统停止运行后，致病原有可能侵入其他传

染病区，造成交叉感染，因此在不同传染病区，空调冷凝水排放实行分区排放，集中处理；排入市政管网的废水还要经过二级生化处理。

（10）管道和设备布置及系统运行维护

病房和卫生间的送、排风管均由侧墙直接进入室内，病房内未设置任何横向风管，空间简洁。医护走廊及缓冲间的送风管由医护走廊顶部进入后分别开设侧送风口，确保走道合理净高，同时避免管道穿越污染区。所有送、排风支管上均设置定风量风阀，每间病房的送、排风支管上均设置电动密闭阀，并可单独关断进行房间消毒。风机和主风管设置在屋面，并在风机入口设置与风机联动的电动密闭风阀。

通风空调系统运行维护应符合下列规定：①各区域排风机与送风机应联锁，半清洁区应先启动送风机，再启动排风机；隔离区应先启动排风机，再启动送风机；各区之间风机启动先后顺序应为半清洁区、半污染区、污染区；②管理人员应监视风机故障报警信号；③管理人员应监视送风、排风系统的各级空气过滤器的压差报警，并应及时更换堵塞的空气过滤器；④排风高效空气过滤器更换操作人员应做好自我防护，拆除的排风高效过滤器应当由专业人员进行原位消毒后，装入安全容器内进行消毒灭菌，并应随医疗废弃物一起处理。

二、普通三甲综合医院改建应急医院的思考

新型冠状病毒感染肺炎疫情在全国各地蔓延，严重威胁了人民群众的生命安全。党中央、国务院高度重视新型冠状病毒感染肺炎疫情防控工作。各地依法依规启动突发公共卫生事件一级应急响应，出台严厉的防控措施，联防联控，力争用最短的时间、最小的代价坚决打赢疫情防控阻击战。根据卫生健康委员会下发了《关于全面落实“四集中”原则切实做好新型冠状病毒感染肺炎患者集中救治工作的通知》，通知明确要求300万及以上常住人口需建设200张床位，确保市级至少设置5间具备负压条件的病房，必须将现有普通三甲综合医院改建为应急医院，以满足抗疫需求。

1. 应急医院改建的问题与难点

普通三甲综合医院（非传染病医院）的改建因其本身的医疗建筑属性，

从医疗设备、医疗配置上具有一定的天然优势，但是由于现状建筑自身条件的限制，在实施过程中肯定会遇到很多困难，这些困难的解决为今后传染病医疗建筑设计积累了宝贵的经验。

功能布局问题：国内综合医院一般均只设置发热门诊，无传染病病区，无法收治传染病患者，只能将其转至传染病专科医院进行治疗，因此规划设计很少考虑传染病功能，与此同时，相关医院对传染病接触也比较少，缺乏充足的经验。 因此原始设计均是按常规标准和每个医院的实际使用流线进行布局，当改造为传染病医院时需满足传染病医院感染防控要求，而多数医院在布置“三区两通道”时，由于原有建筑的功能限制，很难做到尽善尽美。

建设标准问题：在此次疫情中，我们承接了多个非传染病医院的改建项目，但是每个项目从使用性质、功能、规模到布局、场地等都大相径庭，且交付阶段各异，有的使用多年，有的在建还未交付。如：湖北省妇幼保健院的改造就属于其中比较特殊的。在改造前，这栋建筑还未施工完毕，主体结构和水电管网基本安装完成，但是室内装修部分还有大量工作没有完成，对现场工期和使用影响较大的是地面和病房门的问题。现场地面基本处于毛坯状态，未进行面层处理，无法满足传染病房的环境要求，如果按正常地面施工，工期、材料和人工都很难满足要求。这些情况给设计工作造成了很大的阻碍，设计师在出完方案之后，必须现场发现问题、解决问题，然后再修改设计图纸，如此反复，不分昼夜，直至交付。

机电设备问题：非传染病医院在自身建设过程，由于没有“三区两通道”的限制，配套的设备管线在布局时，考虑更多的是便于使用和维修。但是传染病医院需要严格地按照“三区两通道”的布局设置，以此确保医务人员的安全，因此，配套的设备管线也必须分区设置，只有这样才能确保污染区、半污染区与洁净区之间没有空气流通，从而确保医务区的安全。实际改建过程中，我们发现，设备管道的封堵和整改既是一个不可忽视的重点，也是一个难点。以武汉市黄陂区中医医院改造为例，公共走道部分吊顶采用的是可拆卸式铝扣板，吊顶拆卸很便捷，可是拆了部分吊顶后，发现上面的管线基本布满，而且有些管线需要贴墙边施工，导致后续改造的施工空间非常有限，加大了施工难度。

项目团队问题：所有非传染病医院改建的设计和施工都是在和时间赛跑，和生命赛跑，和病毒的蔓延速度赛跑，因此设计和施工周期跟正常的周期完全无法相提并论，均属于边设计边施工边修改的“三边”工程。项目团队的经验、应变能力、综合协调能力以及执行力在整个工程当中显得尤为重要。对于经验丰富、协调能力和执行力强的团队，对项目整体和细节的把控，在前期方案确定的时候已经基本考虑到位，一旦图纸确定，施工单位便全力安排人员，采购材料，划分工作标段，一气呵成，比如华中科技大学同济医学院附属同济医院光谷院区的改建工作，除因材料采购渠道受限和工人数量有限导致工期受到影响，施工过程中基本没有出现设计修改和返工现象。但是如果团队组织能力较弱，缺乏经验，项目会不断出现新的问题，导致整个工程进展缓慢。

2. 应急医院改建的措施

针对上述遇到的问题，国内不少单位参与抗疫，不断地思考、总结，提出以下建议。

平疫结合的设计：此次疫情带给我们的另外一个问题是病区的改建，由于医院建设标准和其他条件限制，住院单元往往较为紧张，改为临时传染病病区难度较大，而在平时医院设计与院方沟通过程中，我们发现，住院单元医辅区的要求实际是较高的，但往往因为床位数量的要求，医辅区的设计常常被压缩，这样会导致传统病区改建为临时传染病病区的难度增加，很难充分满足严格的医院感染防控要求。因此在设计中，应充分考虑疫时需求，医辅区和医疗流线兼顾疫时及平时的使用要求，做到疫时稍加处理即可满足严格的传染病医院的感染防控要求，避免出现类似此次疫情开始的情况，因慌乱而措手不及。可以采取如下措施。

（1）合理预留“三区两通道”：按照传染病医院设计要求，“三区两通道”是基本的，也是必须的要求，因此，在医疗建筑设计时，适当考虑通道及空间的预留，增加医辅区域的面积，可以有效提高改造的质量、效率和安全性。

（2）设备管网的水平分区：根据上述“三区两通道”的要求，医院空间可分为污染区、半污染区与洁净区三个区，设备专业（给水排水，电气，暖通）管网的布置也必须按照这三个区域分区布置，避免病毒通过管道传播，确保医护人员的安全。

适当提高医院建设标准：此次疫情带给我们沉痛的教训，适当提高医疗建筑的建设标准，防患于未然是当务之急，现有医院建设标准只能满足平时正常医疗环境下的医院建设需求，一旦面临疫情，病患快速扩张，现有传染病医疗资源瞬间耗尽，医疗系统无法发挥应有的作用。结合此次疫情制定“平疫结合”的建设模式，适当提高医疗建筑的建设标准十分必要。

（1）设备管网的垂直分区：为了避免内部交叉传染，在管道的垂直方向也有相应的处理措施，给水排水专业的水系统必须有阻止回流的措施，同时排水管的通气孔必须设置高效过滤器或者其他可靠的消毒设备。暖通专业的排风系统需独立对外或者在屋面设置大功率排风系统，确保管道负压，排出的气体不会出现无组织流串。

（2）预留消毒过滤装置：传染病医院除了要做好自身的分区及防护，还应该做好对外的防护工作，所有排出的废水、废气均应经过滤和消毒之后才能排入市政管网或者室外，因此，在设计之初就考虑预留好消毒过滤装置，可以减少对室外环境的污染。

上述标准的提高可以有效地提升医院防护水平，但提高标准也是一个综合性问题。建设成本的提高，必然导致普通老百姓的看病用药成本提高，或者国家医疗资金投入的提高，这些都需要专业部门综合分析、综合评价，最终形成一套系统的方案，达到共赢的结果。

3. 住院部独立设置

结合此次疫情的经验，现有医院由于场地、流线设置的限制，门诊、医技与住院部相结合的建筑不在少数，这类建筑在平时使用较为方便，但是改建为临时传染病医院时，各类出入口的设置与平时使用流线很难结合，导致工程变得复杂繁琐，不利于实现快速改建的要求。而单独设置的住院楼流线相对简单，改建为临时传染病病区较为容易，而且区域独立之后也便于管理，同时作为单独的传染病区域，也不会对其他区域的使用造成很大的影响。

4. 疫时物资的储备

在非传染病医院的改建过程中，发现一些常用的改造材料储备不足，导致现场施工只能选择一些替代品，给后期的使用带来一些不利因素。以现有

的改造工程为例，隔墙面层材料均为石膏板，这种材料的弊端很明显——不耐水，被水浸泡一段时间，就会失去原有的强度，并且容易滋生细菌，对现有的环境造成污染。因此，储备一些易施工、安全可靠、防火防水、耐污耐腐的材料，可以有效地节约改造时间，确保有洁净要求房间的清洁度。

应急传染病医院作为抗疫过程中必不可少的环节，它的改建是一个系统的工程。

三、大型公共建筑（会展中心、体育馆等）改建方舱医院的思考

2020年春节前爆发的新冠肺炎，使我国城市的传染病医疗资源面临严峻挑战。处于战“疫”一线的武汉，临时征用多处体馆等大型空间公共设施改造成“方舱医院”以作急用。按照我国现有的医疗卫生资源配置体系，各区市配备的既有传染病专科医院难以满足突发传染性公共卫生事件中大量激增患者的救治需求。对于各省辖市或经济实力较强的城市来说，即便紧急新建临时传染病医院，也难以全面覆盖各县级城镇的应急防疫和满足救治要求。同时，传染病医学要求就地隔离收治，在疫情爆发地快速有效地扩容收治床位成为疫情防控的必然需求。而一旦这种爆发性公共卫生事件结束，临时新建的救治设施则很可能长期处于失用状态。因此，城市部分公共设施的“平战转换”利用就成为一种应对紧急防疫救治的可能策略。城市高大公共建筑（会展中心、体育馆等）就是其中一种比较适合进行改造转换的公共设施类型。

1. 城市高大公共建筑（会展中心、体育馆等）建筑的特点与应急改造的优势。根据传染病爆发的一般特征和分类救治的部署策略，紧急改建的临时医疗中心主要收治已经确诊的轻症患者，以减缓专业传染病医院的收治压力。改造建筑应优先选择与周边建筑和活动场所有较大距离、场地开阔、各类基础设施完好、具有大空间特点的公共建筑。体育馆建筑通常独立布置，建筑内部具有较大面积的比赛场地，有利于病床的集中布置与看护。与比赛场地相关的辅助功能齐全，各类分区明确，有着多个出入口，便于组织不同功能流线。因此，相较于其他类型的建筑，城市公共体育馆更加适合改造成临时医疗中心。

图 4.3　公共体育馆改造成临时医疗中心

（资料来源：曹伟，吉英雷，侯彦普 . 城市公共体育馆的应急性防疫救治临时改造设计的相关思考 [J]. 建筑与文化，2020.3）

2. 可能存在的问题与矛盾。既有城市高大公共建筑（会展中心、体育馆等）建筑立项之初，并没有考虑会改建成临时医疗中心。从传染病医疗救治的功能需求看，既有城市高大公共建筑（会展中心、体育馆等）在应急性改造中可能存在如下问题：

（1）如果城市高大公共建筑（会展中心、体育馆等）位于密集的建成区，与周边的住区、办公区域或公共活动场所距离较近，就难以满足传染病防护与救治的隔离要求。

（2）室外场地除了满足不同医患人流独立出入、物资货流及机动车停放要求外，还需要提供部分临时救治设施设备扩展的可能性。

（3）城市高大公共建筑（会展中心、体育馆等）内部大空间设计强调比赛场地的规范化、观众观赛的视线效果要求以及辅助空间对主要使用空间的支持。这与传染病救治要求严格区分清洁区与污染区的目标存在局部矛盾。

（4）城市高大公共建筑（会展中心、体育馆等）大空间能基本有效地保障医护人员的工作效率，降低了改造难度，但同时也对传染病隔离防控的完整要求提出挑战。

（5）患者及医护人员生活、工作排放的污废水气应当得到有序收集并消毒，因此难以直接利用原有排水、排气设施进行排放。

（6）比赛场地周边的辅助功能空间难以完全满足临时医疗中心所需的诊治医技功能、保障设备的荷载、空间、电力等需求。

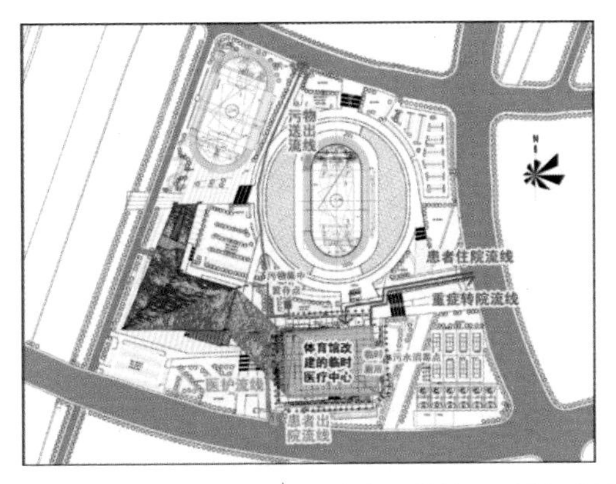

图 4.4 某体育馆改造成临时医疗中心后的总平面图与交通流线

（资料来源：曹伟，吉英雷，侯彦普．城市公共体育馆的应急性防疫救治临时改造设计的相关思考 [J]. 建筑与文化，2020.3）

3. 城市高大公共建筑（会展中心、体育馆等）设计应对临时改造的提前预案为克服上述功能转化中所存在的问题和矛盾，应当从前期设计预案和后期改造两方面综合兼顾来解决。在对体育馆项目策划和规划设计时，应当将临时防护与救治作为项目设计的目标之一。这不仅为应急性改造创造了便利，同时也有助于最大限度地避免改造行为对既有建筑和设施的破坏，从而在突发事件结束后能尽快恢复既有的使用功能。这种前置性预案思考主要体现在以下几个方面：

（1）规划选址。文化体育类公共建筑通常会相对集中地进行布置。该类设施立足于服务功能，应尽量选址于相临功能设施的下风向，与周边建筑和公共活动场所保持充分的防护隔离间距，并利用林木增强防护效果。

（2）周边交通条件优良。城市高大公共建筑（会展中心、体育馆等）在规划选址上没有必要紧邻医疗及传染病救治机构，但作为人员密集场所，应当考虑紧急疏散或作为临时救治、庇护场所时，场馆内的人群能够通过便利的城市道路网运送至医疗救治中心。同时，周边道路应能满足大量物资车辆、急救车辆的进出。城市高大公共建筑（会展中心、体育馆等）地块的内部道路应当与城市道路有不同方向的多个接入口，满足患者、康复人群、健康的医护和工作人员等不同的人流需要；洁净物品、大宗物资、污物垃圾等不同的物流需要，能够做到健康人群与患者流线分开、洁净物品与污物分开、急救与重症转院流线确保通畅。

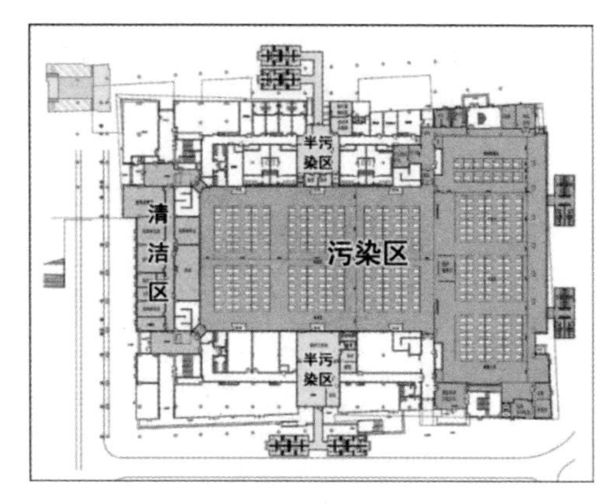

图 4.5　改造后的功能分区图

（资料来源：曹伟，吉英雷，侯彦普．城市公共体育馆的应急性防疫救治临时改造设计的相关思考 [J]. 建筑与文化，2020.3）

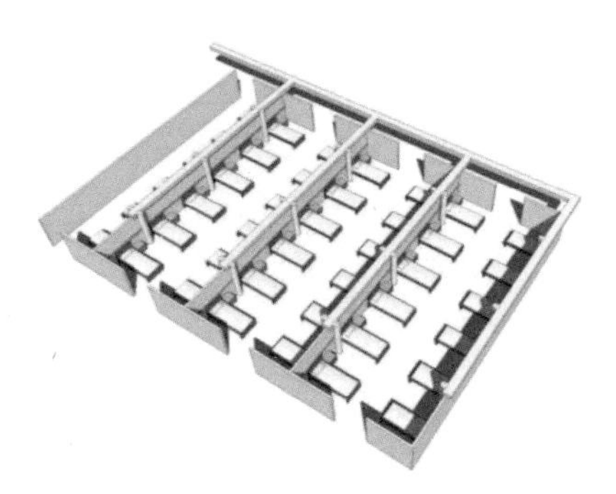

图 4.6　隔断式护理单元内的送排风方式

图 4.7　负压隔离护理单元

（资料来源：曹伟，吉英雷，侯彦普．城市公共体育馆的应急性防疫救治临时改造设计的相关思考 [J]. 建筑与文化，2020，03）

墙面、地面的材料使用上应当选择耐擦洗、防腐蚀、防渗漏、便于清洁和消毒的建筑材料及构造措施，更有利于应对应急状态下的临时改造。

4. 改造的主要目标与方法。在传染病疫情爆发的情况下，将城市高大公共建筑（会展、体育馆等）改造成临时医疗中心是对城市有限医疗资源的一种紧急补充。改造设计应当体现应急性、安全性、合理性、可逆性和实操性原则。

（1）功能分区明确。改造设计应当严格按照传染病医院“三区两通道”的要求进行。集中收治患者的病区与患者通过的区域为污染区；医护人员经过卫生通过后的工作区为半污染区；医护人员开展工作前后、临时办公、居住停留及洁净物品存储的区域为清洁区。三者之间应当有明确的物理分隔，且通风空调、机电设备系统应利用原有的防火分区独立设置。

（2）在内场空间加建病床单元。城市高大公共建筑（会展中心、体育馆等）内场大空间宜改造为污染区，集中收治患者，充分利用体育馆空间特征，提高医护人员效率。城市高大公共建筑（会展中心、体育馆等）的辅助用房宜改造成半污染与清洁区。为了避免患者在集中的收治空间内交叉感染，病床应分单元成组布置，每个护理单元设置床位数不宜大于42床。病床间距宜为1.2—1.5m，病床间通道不应小于1.4m。病床区内应分区设置已康复患者出院前的观察区、普通患者区、待转运的重症患者区、需要单独救治的隔离区。普通轻症患者、康复观察患者区可采用隔断式护理单元，有条件的宜采用上送下排的通风方式，有组织地控制气流方向；重症患者、隔离患者区宜采用负压隔离护理单元。

5. 合理控制半污染区规模

医护工作区应利用城市高大公共建筑（会展中心、体育馆等）普通层高的辅助区域进行改造，设置护士站、医护办公、治疗、配药、处置等空间。由于医护工作区属于半污染区，需要有组织地进行机械通风，该区域面积应尽量经济紧凑，避免通风设备过多。污染区与半污染区内的用水设施宜靠外墙布置，便于污废水的收集与消毒。医护卫生通过分为进入限制区卫生通过和返回清洁区卫生通过，有着严格的感控流程和污废水收集要求，设置卫生间和排水的房间宜采用集装箱式或装配式建造方式，在体育馆室外增建。进

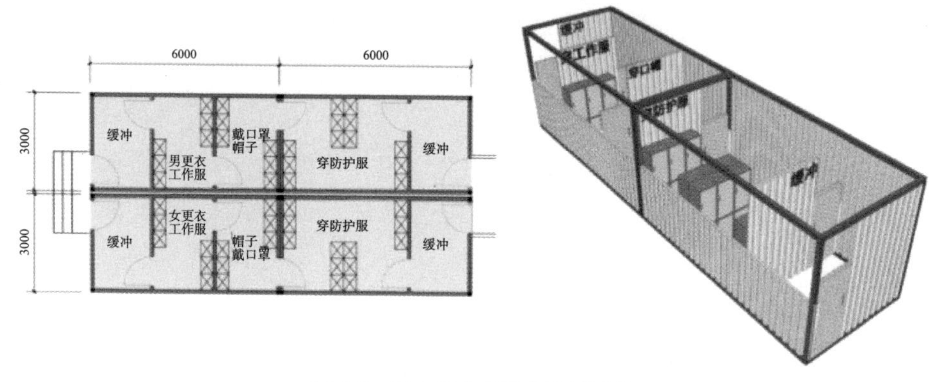

图 4.8　进入工作区卫生通过模块

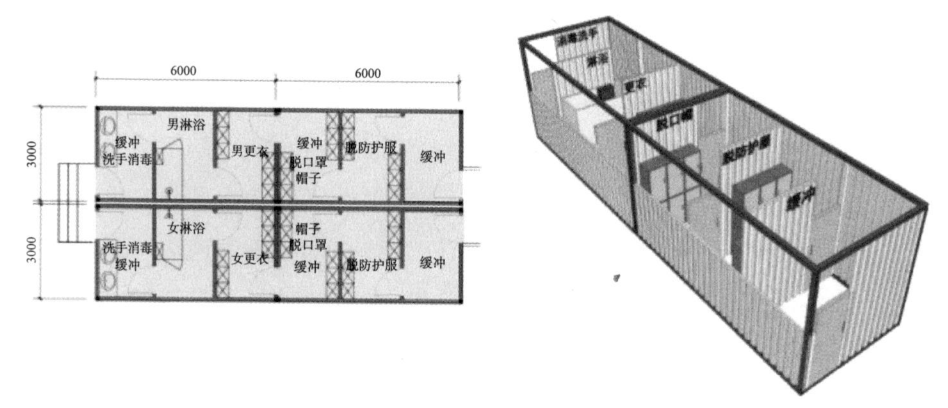

图 4.9　返回清洁区卫生通过模块

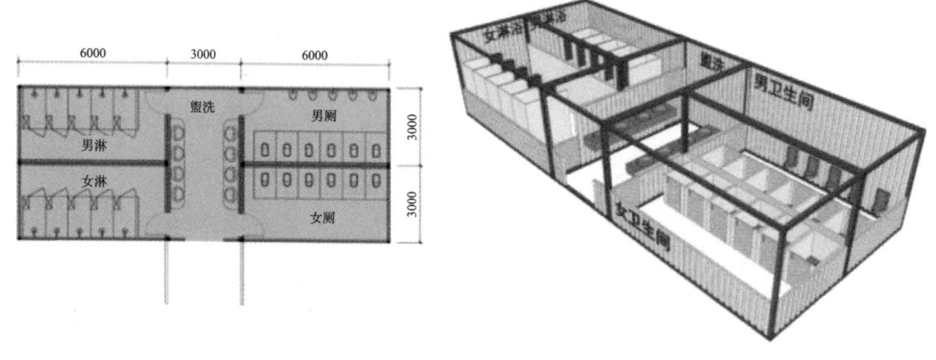

图 4.10　病患卫浴模块

（资料来源：曹伟，吉英雷，侯彦普 . 城市公共体育馆的应急性防疫救治临时改造设计的相关思考 [J]. 建筑与文化，2020，03）

入限制区卫生通过应根据感控流程按顺序设置穿工作服一次更衣间、穿防护服二次更衣间、缓冲间。返回清洁区卫生通过应根据感控流程按顺序设置缓冲间、脱隔离服更衣间、脱防护服更衣间、男女卫生间和淋浴间、一次更衣间。

6. 直接利用现有空间安排清洁区功能。清洁区的排水、空气没有污染，不需要特殊处理，为了减少总工程量、缩短工程时间，清洁区应尽量直接利用现有空间设置。

四、酒店、宾馆快速改造成疫情隔离用酒店的思考

鉴于疫情流行期间的严峻形势，亟须解决隔离场所紧缺的棘手问题，酒店建筑具备独立房间和生活起居的必要条件，在非常时期可用于临时隔离场所之一，对需要隔离医学观察人员、疑似和轻症患者进行集中隔离。作为临时隔离用途的酒店，在运营管理等方面有别于正常酒店运营管理。本指南主要对作为临时隔离用途的酒店建筑提供运营管理指导，使其在疫情期间进行正确有效的应急管理操作。作为临时隔离用途的酒店建筑，主要可接收四类群体，包括：疫情服务的一线医护工作人员、需要隔离医学观察的人员、疑似患者以及确诊病例（核酸病毒检测为阳性）但未出现明显不适症状的患者。这四类群体应分别安置于不同的酒店进行隔离。作为临时隔离用途的酒店不宜接收危重症患者。危重症患者宜送至专业医院进行医疗救治。

作为临时隔离区的酒店应具备如下几方面基本硬件条件：

（1）客房：应具备一定数量的客房，可解决一部分需要隔离人员的数量要求。每个房间应具备独立的卫生间，避免使用公共卫生间。建议客房数在50—200间为宜，客房数量过少不能满足隔离人员数量要求，且易造成医务服务人员浪费；客房数量过多增加了对突发情况应急处理难度，且酒店运营成本过高。无可开启外窗或外窗可开启通风面积小于$0.2m^2$的客房不建议使用。

（2）酒店内部可分区：可划分为两个区域：隔离区（污染区/半污染区），以及医务工作区和生活服务后勤区（清洁区）。

（3）空调通风系统：应优先选择采用分体式空调或变频变冷媒多联空调的酒店。每个房间应具备独立的新风送（排）风和过滤系统，防止病毒传播。

如客房采用集中回风处理且不带新风的空调系统，应关闭所有空调机组，封闭全部客房的出风口和回风口，设置机械通风装置或具备可开启外窗。设备操控应由酒店运营管理专人负责。

（4）配套用房及服务：可提供具有良好通风效果的医用消毒房间（可用酒店其他功能房间腾用或改造）；餐厅可提供单独客房送餐服务；如采用餐饮外包方式时，应统一由专人送餐至每个房间门前，提供无接触送餐服务。

（5）有条件的应具备疫情信息管理（Wi-Fi）网络，可及时上报住客异常信息至社区防疫部门。

（6）视频监控系统：应设有视频监控系统，客房走廊应做到无死角全部监控。视频存储时间不小于 30 天。

4.2 应对突发空气传播疫情公共建筑通风空调系统运行对策

一、办公建筑空调通风系统运行对策

目前国内新型冠状病毒疫情防控已初见成效，但国外疫情尚未得到完全有效的控制，疫情就是命令，防控就是责任。在疫情期间，要能够科学、正常地使用以人员集中为显著特点的办公建筑，防止因人员集中、大楼机电系统使用不当等导致新型冠状病毒传播，保护办公建筑使用者的健康。

1. 通风空调系统

办公建筑宜优先采取加大新风的通风换气量，作为最有效的预防手段之一。根据办公建筑内不同的空调系统形式，宜分别采取不同的措施。采用“冷热末端 + 新风”空调系统的空调区域，建议采取以下措施：（1）该种形式的空调系统可按设计正常运行，新风空调系统应全部投入正常运行；（2）为确保新风能够有效送至各使用空调房间并使得房间内人员的新风量符合现行国家标准《民用建筑供暖通风与空气调节设计规范》GB 50736—2012 的规定，对于不同的空调房间，应分别采取下列措施：

（1）设置了可开启外窗的空调房间，使用过程中宜保持一定的外窗开度；对于因节能等原因设置了外窗与空调系统窗磁联动控制方式的建筑，建议在解除疫情之前先关闭这一控制方式；

（2）无外窗且原设计也未配置排风系统的空调房间应按下列规定执行：①可采用双向节能换气机的方式满足房间通风换气要求；新回风换热器应采用间接换热型（例如热管、铝箔板翅式等）；转轮式热回收设备目前不应使用；在目前尚无法确认纸芯对病毒防护能力的情况下，也不建议使用“传质”型热回收设备；②如果各办公房间都配置了集中新风系统，且已经为每层（包括卫生间或走道）设置了集中机械排风系统的建筑，除排风系统应投入运行之外，各房间的换气可采用以下方式：a. 除非特殊原因，建议在使用过程中，其房间门保持一定的开度，使得空调房间能够与走道相通；b. 对于使用上需要相对封闭的空调房间（例如一些重要的会议室、保密工作室等），则建议在该房间与走道的隔墙上设置机械排风扇（排风扇风量应小于该房间的新风量），或设置直接通向室外的排风管（截面积宜大于该房间的新风管）；c. 楼层集中排风系统的总排风量不小于该楼层的新风设计总送风量的70%，如果不满足，就对排风系统进行适当的改造。在采取有效措施并取得消防主管部门同意的前提下，也可以考虑利用消防排烟系统进行集中排风。当一个风机盘管负担多个房间时，该风机盘管应暂停运行；一旦建筑内发现“疑似病例”，所有室内的对流型冷热末端设备（风机盘管、室内机等）均宜停止运行；对于一段时间内还需要供暖的严寒、寒冷地区，将新风机组的出风温度设定值尽可能提高，或者人工手动将新风机组的热水阀全开，让新风尽可能承担建筑的热负荷；当建筑需要供冷时，则将新风机组的出风温度设定值尽可能降低，让新风尽可能多地承担建筑的冷负荷。

2. 采用全空气空调系统的空调区域，建议采取的措施

（1）空调系统只负担一个房间时，目前可按设计正常运行；在不严重影响室内温度的前提下（建议室温不低于16—18℃，可以通过短时间的实验），也可以采用下列加大系统新风量的措施：①单风机系统，确保新风阀全开，并关小（或关闭）回风阀；②双风机系统或者设有机械排风的单风机系统，在关小（或关闭）回风阀的同时开大（或全开）新风阀和排风阀；③夏热冬暖地区，节后上班至供冷系统开始运行之前可完全关闭回风阀，全新风运行；有条件时，应同时开启外窗。（2）对于疫情严重的地区，或空调系统负担有多个房间时，疫情期间，该空调系统应完全关闭回风阀，全开新风阀和排风阀；

室温设定值或冷热水阀的动作方式，同新风空调机组。

3. 餐厅和厨房区域建议采取的措施

（1）售餐窗口内外之间，应采取局部隔断措施（例如透明板等），将餐厅内的就餐人员与厨房加工人员适当隔开，隔离高度 1.3—2.0m；（2）对于疫情严重的地区，餐厅应与厨房完全隔断，并应防止餐厅的空气流向厨房；此时，当厨房排油烟风机运行时应采取其他手段进行补风，例如另设机械补风或通过开窗引进室外的自然补风；（3）对于部分餐厅中未设置机械通风措施，或没有可开启外窗的小包间，如果无法改造，则建议暂时停止使用；（4）厨房的操作工作应符合相应的职业管理规定；疫情期间，单位员工的就餐方式建议改为“份饭”快餐方式；大规模的员工就餐餐厅建议暂停使用。

4. 机械通风区域建议采取的措施

（1）为了尽量提高节后上班时建筑室内的空气品质，新风空调系统、已关闭回风阀的全空气系统和排风系统（包括消防排烟临时转为排风的系统），可在上班前 1—3 天开始，适当投入运行，提前进行通风换气；但对于严寒和寒冷地区，需要注意运行的时间，保证室内无人期间的室温不低于 5—8℃；（2）上班时间前 1 小时，提前开启建筑内的各个通风与空调系统；下班后通风空调系统延时运行 1—2 小时，但要保证室温不低于 5—8℃；（3）厕所、污物间等的排风系统应全部投入运行，确保这些房间与人员正常停留区域的空气压差为负压；（4）地下车库的通风系统应按照设计要求正常投入运行；疫情严重地区，应加长每天的运行时间。

5. 空气处理与空调水系统

新风以及建筑的所有补风，均应直接从室外清洁之处采取并通过风管接入空调机组之中。在空调房间、空调送风系统以及空调机房内，不应采取任何“化学药剂消毒”的方式；在没有确切依据或医疗专家意见的情况下，目前不宜在空调通风系统中安装紫外灯。在条件允许时，对于有供热需求的建筑，将新风机组和空调机组的热水供水温度尽可能提高，降低因为采用加大新风所带来的对室温的影响；对于有供冷需求的建筑，则宜将冷水供水温度降至 5—6℃。上班时间段，室内空气净化装置应投入运行。

二、酒店建筑空调通风系统运行对策

作为临时隔离使用的酒店，在入住登记、设备运行操作、公共区域清洁消毒和垃圾清运、标识提示、客房服务等方面，应有别于常规经营的酒店建筑。在疫情期间，应关闭人流聚集场所，如宴会厅、集中用餐的餐厅、健身房、室内外泳池等功能空间。作为临时隔离用途的酒店，建议对不同工作服务人员在服装前胸后背涂上色标，以便监控活动区域内权限，以及需隔离人员及时获得必要帮助。医务人员可选绿色色标，酒店工作人员可选蓝色色标。

1. 设备运行操作指南

酒店建筑作为临时隔离场所使用时，应重点在空调新风系统、给水排水设备等方面进行应急科学操控，严格管理。

2. 空调新风系统操作指南

（1）空调管理和操控人员必须了解酒店空调、通风系统的特点，明确每一系统所服务的楼层和房间详细情况；了解隔离区和工作区划分；了解人流、物流。制定疫情期间空调运行方案，落实专人负责，每日记录操作情况。空调系统开始启用前以及使用期间，应做好系统的清洁消毒工作。

（2）客房应优先开启外窗自然通风（当室外空气质量指数AQI较差时可酌情适当减少通风时间）。当自然通风条件较差时，可参考以下条款辅以空调通风系统，加大新风通风换气量。既不能开启外窗，又不设机械新风、排风的房间应停止使用。

（3）北方地区供暖季为保障新风增加后的送风温度，可采用增加锅炉（热泵）台数、加大一次侧热源温度等措施，提高空调系统供水温度，以免室内温度过低或空调系统冻裂。

（4）全空气空调系统一般用于酒店的咖啡厅、多功能厅、大堂等区域，建议北方地区供暖季时尽量停用这些区域，以免空调系统供暖能力不足而被冻裂。对于不得不使用的区域，采用全空气空调系统的酒店应避免回风混入其他房间：①单风机系统应全关回风阀（或用其他方法封闭空调机内的回风口），使其无渗漏；②双风机系统应关闭回风阀，使回风不渗漏向送风气流。

在避免回风混入其他房间的前提下，全开新风阀和排风阀，尽可能采用最大新风量连续运行，有条件的系统应采用全新风运行（根据《传染病医院建筑设计规范》GB 50849—2014，接待疑似患者或确诊患者的区域新风换气次数不低于6次/小时）。当系统无法避免回风混入其他房间时，应关闭中央空调系统，打开外窗，并使排风系统连续运行，以保证空气流通。

（5）风机盘管加新风系统，在南方地区如果气温允许，可以关闭风机盘管，使新风系统正常连续运行，同时各房间合理开窗通风、机械排风系统正常连续运行。在北方地区供暖季，应使新风系统正常连续运行；对于风机盘管系统，当每个盘管仅负责一个房间时可正常开启运行，并加强每个房间尤其是回风口及回风过滤网的清洁消毒；当多房间共用同一盘管或多房间通过吊顶或走廊统一回风时，应关闭风机盘管，此时如果新风系统供暖能力无法保证的话，建议停用此类房间或进行系统改造。

（6）如果酒店客房采用各自相对独立、无空气交换的房间空调器或暖气设备，则可正常开启运行，并加强空调器的清洁消毒；同时应保证充分的开窗通风换气，并使排风系统连续运行。

（7）对于使用全热交换转轮等具有“传质”特点的热回收装置空调机组，应开启风路旁通模式（不进行全热交换）。未设置旁通管路的这类热回收装置排风系统，应进行排风系统旁通改造或暂停使用全热交换装置。

（8）建筑空调（供暖）系统如为设置亚高效过滤器以上等级的洁净空调系统，可以按原有方式正常使用。

（9）如电梯轿厢内有空调设施而无通风换气功能，应予以关闭。

（10）排风系统包括中央空调的排风系统和卫生间排风系统。排风系统开启数量应视风压情况而定，选用房间应控制排风量大于新风量，房间形成微负压，当中央空调的排风无法单独开启时，应保证具有独立机械排风的卫生间排风系统持续运行。

（11）对于疑似病例或确诊患者的隔离酒店，宜对卫生间排风（屋顶排风机排风）、下水管的通气管进行改造，加装高效空气过滤器，避免污染物通过排风系统或下水管的通气管传播。

三、普通医院建筑空调通风系统运行对策

新冠肺炎疫情期间，医院空调系统暴露了许多设计和运行使用上的问题。从防治新冠肺炎的角度来看，多数医院的空调系统都存在着不同程度的不合理性：空调系统划分不科学、新风量偏低、新风口与回风口的布置不合理、压力梯度划分不明确、风系统及冷凝水系统均存在交叉感染的隐患、系统的杀菌消毒措施不健全等。

（1）系统划分不科学。众所周知，自从发生新冠肺炎疫情以来，紧急改造或改用于治疗新冠肺炎病人的老医院，以及新建的隔离医院、隔离病房，其空调系统必须按照病区划分，严禁不同病区合用一个空调系统。多数医院的空调系统并不是严格按照病区划分的，门诊楼的各个单元合用一个空调系统，病房楼的不同病区也合用一个空调系统。对于新建的隔离病房，其空调系统没有单独划分出来。

（2）新风量偏低。高效持续的新风量保证以及新风供应在整个空调建筑内的均好性，有力地保证了室内温湿环境的恒定性，是衡量高标准空调系统的关键和核心内容。医院的室内空气品质低，令人气闷，容易疲劳，呼吸不畅通，另外由于医院环境的特殊性，甚至使人产生窒息感。许多医院的房间窗户是封闭的，换气次数小，这也是造成室内空气品质低的原因之一。

（3）新风口与回风口的布置不合理。新风口和排风口在同一侧，因而不能确保空调系统新风口所吸入的空气为新鲜清洁的室外空气，可能造成新风口与排风口之间的气流短路。走廊和大厅的送风口布置过于稀疏，造成工作区风场不够均好,形成一些空调通风死区。医院的风机盘管大多采用吊顶安装，房间里风机盘管的回风箱直接采取吊顶回风方式，这样不仅会使吊顶内积存的灰尘通过风机盘管进入室内，而且容易造成各房间的空气通过连通的吊顶相互串通和掺混。

（4）压力梯度划分不严格。医院内的空调通风系统与空调房间没有严格匹配相应的压力调节与控制手段，以保证污染区、半污染区和清洁区的空气压力级差，保证病区内空气的有序流动。

（5）风系统和冷凝水系统均存在交叉感染的隐患等。空调机房内空调箱的新风进气口可能间接从机房、楼道和天棚吊顶内吸取新风，增大造成交叉感染的概率。房间排风一般是利用正压渗透以及卫生间排风扇排风，通过排风扇排入管道井里的排风立管集中起来统一排放，而排风扇的开闭具有不确定性，排风没有经过杀菌消毒处理，由此存在交叉感染的隐患。

凝结水一般由凝结水盘收集后，通过凝结水干管收集起来统一排放。医院的风机盘管多是吊顶暗装形式，凝结水盘多年得不到清洗消毒，里面聚积了大量的灰尘、水垢，成为病毒病菌滋生的温床。由于凝结水管为非满管流，容易引起房间空气串通，带有病菌病毒的空气或液滴进入其他房间，形成交叉感染，另外，灰尘和水垢还会引起凝结水管堵塞问题，导致滴水、漏水等。风机盘管回风处的过滤网常年没有清洗，聚集了许多灰尘的过滤器容易成为滋生病毒病菌的场所。

（6）系统的杀菌消毒措施不健全。新冠肺炎疫情突如其来，医院对于空调系统的杀菌消毒采取了一些应急措施，比如清洗、化学药剂喷洒和熏蒸等。但这些只是应急对策，并不能从根本上解决问题。多数医院空调通风系统内没有装备完善、合格的各级空气过滤装置与消毒装置。另外，还需注意到一个问题，很多医院的病房楼中间是一敞开式的天井，其底部为终年阴影区，阴暗潮湿，并有苔藓生长。里面密集布置空调室外机，室外机向天井排放热量，导致天井内部形成上升的热气流，容易引起交叉感染。

医院空调预防新冠肺炎采取的应急措施和对策。面对新冠肺炎疫情，医院应该制定空调通风系统预防和控制新冠肺炎病菌传播的相应对策。根据医院空调系统自身的特点，明确空调通风系统所服务的建筑物和房间的具体情况，制订相应的预防措施以及突发情况的应对之策。

（1）医院空调系统各部件的清洗消毒工作。空调通风系统运行使用前，必须对整个系统进行全面的清洗消毒。初效、中效过滤器与过滤网、热交换器表面，空调房间内的送、回风口，明、暗装风机盘管的凝结水盘，使用 0.2% 的过氧乙酸或者 50—1000m/L 的含氯消毒剂喷洒消毒。空调箱封闭消毒，采用过氧乙酸熏蒸（用量为 1g/m^3）或用 0.5% 过氧乙酸溶液喷洒后封闭 60 分钟，然后再用高压水冲洗掉尘埃与残余消毒剂。在系统运行中，有新冠肺炎突发的建筑，空调系统的所有过滤器必须先消毒，后更换。消毒时间应安排在无

人的晚间，消毒后应及时冲洗与通风，消除消毒溶液残留物对人体与设备的有害影响。要定期对系统的这些部件进行清洗、消毒或更换，空调系统的关键部位更应定期消毒。另外，空调系统的易积尘部位应定期杀菌消毒。

（2）加强室内外空气流通，最大限度地引入室外新鲜空气。在新冠肺炎疫情期间，以循环回风为主，新、排风为辅的全空气空调系统，采用全新风运行，以防止交叉感染。采用专用新、排风系统换气通风的空气—水空调系统，应该按照最大新风量运行，且新风量不得低于 $30m^3$/（h.p）的最小新风量标准。达不到标准则应该通过合理开启门窗，加强通风换气，以获取所需新风量。对于只采用独立式空调器（机）供冷供热的房间，应合理开启部分外窗，使空调房间有良好的自然通风；当空调关停时，应及时打开门窗，加强室内外空气流通。对于无法按全新风运行的全空气空调系统，建议在空调回风总管内或其他部位安装C波段紫外线灯，其照射强度为600—700uW·s/cm^2。也可采用其他可靠的消毒或过滤装置，如高效过滤器或静电除菌装置等。对于新冠肺炎病人区采用独立的全新风空调通风系统。

（3）重新设置新风口和排风口，正确排风、引入新风。空调系统新风进口周围环境必须保持洁净，以保证所吸入的空气为新鲜的室外空气，空调系统的排风口应设置在下风侧、新风口设置在上风侧并与排风口保持一定的距离，一般为20m；严格禁止新风与排风系统排风口短路。空调机房内空调箱的新风进气口必须用风管与新风竖井或进风百叶窗相连接，禁止间接从机房、楼道和天棚吊顶内吸取新风。新冠肺炎隔离病房的排风必须经过高效过滤器排放到室外或集中高空排放。所处空调系统的所有空气过滤器应集中消毒后再焚烧处理。

（4）冷却塔与冷却水系统的清洗消毒，改善冷却水水质。疫情期间，对于开式冷却塔进行彻底清洗消毒，通过提高冷却塔的排污量以及增加补水量的方法，改善冷却水的水质，降低含菌量。冷却水系统多数是开式系统，是病菌病毒定植、繁殖的温床，系统的清洗和消毒做法是：在运行前先用高压水冲洗冷却塔填料层和其他部位，然后注满水，投放100mg/L的含氯杀菌剂，运转水泵两个小时左右。每周投放一次液氯或者过氧乙酸；因为氯对金属设备有腐蚀性，所以每天投加一次苯并三氯唑铜缓蚀剂。要不定期地抽检冷却塔水中的含菌量。

（5）疫情期间，医院空调系统中禁止采用任何形式的绝热加湿装置。

（6）对于医院“隔离区”空调系统的特殊性要求。在新冠肺炎疫情期间，医院应急改造成治疗新冠肺炎病人的隔离病房，必须按照病区划分空调系统，隔离病房区不得与普通病房区合用一个空调通风系统；对于有循环回风的全空气系统，必须停止运行。医院隔离病房内空调通风系统必须按照排风量大于送风量进行设计、调试和运行，以确保各病房内空调通风在负压状态下运行。采取压力梯度调节和控制措施，以确保清洁区、半污染区和污染区的空气压力级差，病房相对于有医护人员的区域应该为“负压”，压差一般可控制在5—10Pa，具体压差控制应该根据实际的系统划分而定。要保证病区内的空气能有序流动。匹配完善的各级空气过滤装置与消毒装置。鉴于冷凝水系统的非满管流特性，隔离病房的空调凝结水必须分区集中收集，经消毒处理后才可排入下水道。

四、“方舱医院”的建立及空调通风系统运行对策

新型冠状病毒肺炎来临，城市临时征用多处体馆等大型空间公共设施改造成“方舱医院”以作急用。现代城市中的大型大空间公共建筑在自然灾害之后被用作救灾避难临时收容空间的做法在全世界范围内都是通行的。这些大空间建筑主要能为受灾民众在家园尽毁之后提供一个可以遮风避雨的临时居住空间。例如，在地震、海啸等自然灾害频发的日本，各级各类体育馆建筑历来都是灾害发生前后政府给受到影响的民众提供住所的临时救助中心。其中既有临时性很强的提供纯收容性居住的，也有可能持续一段时间，并能照顾到不同人群和家庭隐私需求而带有简易分隔的。因此，将高大空间的体育馆改造为“方舱医院”是可能和合理的。

一般来说，高大空间的体育馆需要有明确的空间流线分离设计，尤其是观众使用的空间流线与运动员、现场转播媒体、赛事组织方等使用的空间流线一定有严格区隔。对于未来可能改造为方舱医院的体育馆建筑设计，则应考虑原有的体育馆空间、流线分离如何适应传染病医院的医疗流程需求。传染病医院要求住院区域有明确的“三区两通道”设置，即污染区、半污染区、

洁净区和病患通道、医务通道。体育馆改造为方舱医院时，必然会使用场馆的中心比赛空间作为患者收治区（即污染区）。因此，设计时应以此为基础，将比赛空间与室外的连接流线作为污染通道，避免其他可能使用的流线与此流线交叉或共用某些空间，并在它们之间设置缓冲区。

体育馆改造为方舱医院时，主要以设置住院病区为主。除“三通道”单向流线外，《传染病医院建筑设计规范》GB 50849—2014 中对于病区的要求主要有空间尺度、走廊宽度、病床数量分隔等几个方面。这些要求均可以在改造为方舱医院时通过对中心大空间的二次分隔设计来满足，在体育馆设计时无需过多考虑。《传染病医院建筑设计规范》GB 50849—2014 还要求建筑符合无障碍设计，在体育馆设计中，流线中的无障碍设计本身也是考虑重点，但是如果考虑未来改造为方舱医院，还需要在有可能成为病患通道的流线上设置无障碍设施或预留无障碍设施的空间。

传染病医院都对设备要求较高，且有专门的设备需求。在消防、温度调节、电气方面，两者重合度较高，均需设置安装高标准的消防设施、智能化大功率温度控制设备，以及应对停电等突发情况的发电设施等。但在给水排水和通风换气方面，两者重合度低甚至要求相反。对于可改造为方舱医院的体育馆设计，一方面希望未来会开发出适于“平战转换”的相关设备系统加以应用；另一方面按照《传染病医院建筑设计规范》GB 50849—2014 的相关要求，需要为通风空调设备等专业预留紧急情况下临时安装传染病医院设备的空间和管路。

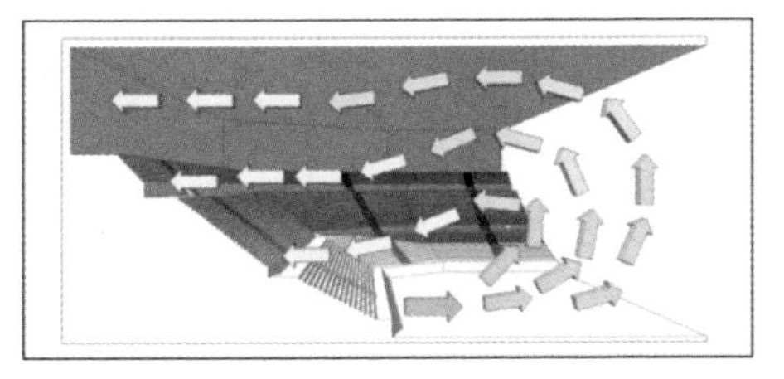

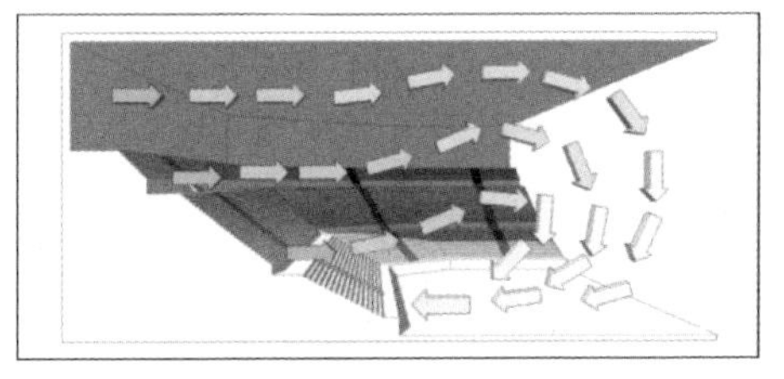

图 4.11 体育馆通风系统“上送下回” 体育馆通风系统“下送上回”

（资料来源：龙灏，薛珂 . 健康城市背景下大空间公共建筑的建筑设计防疫预案探讨——以大型体育馆建筑为例）

根据气流组织形式,体育馆通风系统大致分为“上送下回”“下送上回”“混合式”等，也有在观众席座椅下设置出风或回风口的方式。体育馆建筑具体设计时会考虑多种因素，形式多样但一般“上送下回”和“下送上回”两种气流组织形式的体育馆较为常见。

根据已有的研究成果,“下送上回”的气流组织形式更节能,换气效率更高。送风量大时，“上送下回”的形式在保证比赛区要求和观众满意度方面得到的评价较高；送风量与“下送上回”形式相同时，各项评价指标均较低。在考虑节能的当下，越来越多的体育馆使用“下送上回”的气流组织形式。这在平时能够兼顾节能与观众席上方空气洁净程度，但在疫情时期改造为应急传染病医院时，这样的气流组织形式容易使集聚在比赛场地上的污染空气扩散至整个体育馆。且当上部空间为医务工作者使用时，气流组织违反了“三区两通道”的要求。考虑突发疫情改造为应急传染病医院的体育馆通风系统设计，需要做出如下回应。

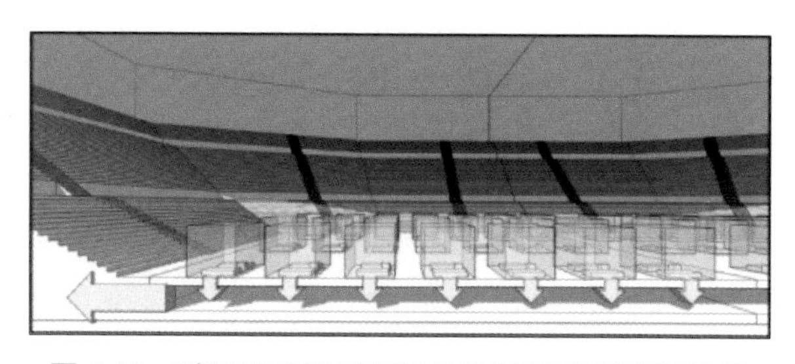

图 4.12　利用下回风和夹层改造简易负压隔离间示意图

（资料来源:龙灏，薛珂 . 健康城市背景下大空间公共建筑的建筑设计防疫预案探讨——以大型体育馆建筑为例）

（1）尽量使用“上送下回”的气流组织形式，特别是要将回风管道设置在比赛场地的周围，有利于集中收治区形成负压环境。根据需求，考虑预留回风设备的冗余功率，并预留有孔洞的夹层或在改造为应急医院时搭建夹层地面。在夹层地面上安装临时负压隔间，污染空气经过夹层排往回风口，不与洁净区接触，符合“三区两通道”的气流组织要求。

（2）一旦决定在改造为应急医院时使用场馆本身的排风系统，则必须对排风系统的排出口加以特殊考虑，应留有加装消杀设备的接口，并保证改造

后室外排风口的位置距离洁净出入口、病患康复出口、新风进风口以及周边其他建筑 20m 以上。

4.3 疫情下住宅通风方面的思考

根据疫情传播特征及钟南山院士等的研究报告（2020 年 2 月 9 日发表于国际刊物《medRxiv》），新冠状病毒的主要传播途径是接触，其次是飞沫；可能性低的传播途径是气溶胶和消化道，但这一推测尚未得到证实。新型冠状病毒疫情传播的第二和第三个途径，即飞沫和气溶胶，与空气有关，这就需要进行通风系统设计，确保人的生存和生活环境的安全。

一、住宅平面避免设计成天井、深凹，空气不能对流，造成空气污染

在自然通风模式下，风速过低会恶化室内热环境，所以应尽可能避免过大的低风速区。空气湿度为 80%，气温为 30℃，室内风速为 0.5m/s 以上时，70% 的人认为室内比较舒适，因此在自然通风条件下，室内风速不小于 0.5m/s 的区域比较舒适。这里定义风速低于 0.5m/s 为低风区，室内低风速区面积越小，说明室内风速分布越均匀，室内自然通风情况越好。在住宅平面布局时，要避免设计成天井、深凹，虽然是室外，但空气不能形成对流，易生成死角，造成空气二次污染。

二、厅、卧室设置新风或排风系统（装置）满足卫生标准

通风包括机械送新风和机械排除污风，也有人称此为置换新风。进出必须平衡。只进不出的系统，机械送新风，室内形成正压，空气通过外围护结构缝隙渗漏出去。只出不进的系统，机械排出室内空气，室外新风通过外围护结构缝隙渗透进屋，通风的作用包括稀释、置换、净化。第一个作用是稀释，空气中细菌和病毒达到一定浓度时才能感染人。通过输送室外的新鲜空气，将室内有害物质、细菌、病毒的浓度稀释。第二个作用是置换，合理布局新风和回风口，合理设计正压区和负压区。把室内的所有有害物质都可以通过通风置换出去。合理设计通风量，有效控制有害物质的浓度，保证优质空气。

第三个作用是净化，新风送风侧加设高效滤网，净化空气。过滤掉 PM2.5 颗粒物、过滤细菌和病毒，包括气溶胶。

住宅通风方式一般为机械进风、自然排风，即低温新鲜的空气进入室内，污浊的空气从门窗缝隙自然排出。住宅通风系统中，通风系统效果的关键因素是气流组织，户式通风系统必须具备清晰合理的气流组织，居室——正压区，最远端送风，通过门缝及透气槽回到客厅，集中回风在厨房和卫生间——负压区。厅、卧室设置新风或排风系统（装置），满足卫生标准，提高人的舒适度。

三、卫生间、厨房排风（排油烟）井道考虑气流防倒灌措施

住宅中的集中管道是传染风险点，如污水管。地漏——污水接口反水弯设计不合理，如太浅，水封不住。地漏缺水，没有水封。病人粪便中的细菌病毒可能进入集中管道，渗透到同一管道的其他人家，交叉感染很大。2003 年香港淘大花园、2020 年 2 月 11 日广州海珠区保利天悦 18 栋、2020 年 2 月 11 日香港康美楼等确保每天向反水弯加水，临时封住地漏口（保鲜袋灌满水压住），本是多余的，下次装修时封死了。住宅中的集中风管也是传染风险点之一。

卫生间中央排风管、厨房集中排气管，如果中央排风扇停止运转，或风机设定为定时运转，或发生故障、停电，同一管道相连的住户之间串风，带细菌病毒的空气可能经主风管传到其他住户家，交叉感染风险大增。室内空气环境中 CO_2 的浓度指标、CO 对健康的影响、SO_2 对健康的影响、NO_2 对健康的影响、相对湿度与健康、舒适性的关系、何为高湿环境、螨虫过敏对健康的影响、浮游粉尘与健康的关系、防止花粉侵入室内、浮游真菌浓度与健康风险的关系、创造无臭且卫生的室内环境以及厨房需要多大的通风量在解释室内空气 CO_2 浓度指标为何是 1000ppm 时。卫生间、厨房排风（排油烟）井道必须进行排风，并且考虑气流防倒灌措施。

四、电梯井道的通风

新冠肺炎等传染性疾病大多通过空气、接触、飞沫等传播方式进行传播。加强体育锻炼，减少外出在一定程度上减少了感染的概率。高层建筑物里的

电梯，其通风情况直接影响着疾病的传播。电梯的轿厢就像一个黑箱子，没有窗户，与外界无沟通，仅通过通风孔与井道相通，空间不大，人员较多，如果轿厢内气流走向不合理，将达不到通风效果；天气炎热时，还会产生热量和湿气，影响整体乘坐环境。电梯轿厢通风就是使轿厢内的空气流动，从而控制温度、湿度，改善轿厢环境的过程。目前国标并未对轿厢内相关空气参数进行规定，所以轿厢内的设计无法参考相关标准。通风方式各式各样，容易造成轿内通风效果差，一方面影响着乘客的舒适度；另一方面又无法预防疾病的传染。以下几个方面影响着轿厢内的空气质量：（1）轿厢内新鲜空气的输送；（2）轿厢内的装饰材料及其他污染源；（3）气流的流动；（4）空气的温度、湿度和流速。当然，轿厢内的空气质量实际上也由人的主观意念所决定，比如乘客对各类污染物的容忍度不同，乘客的年龄不同，乘客对于温度、湿度的要求不同等。

根据目前对轿厢通风的研究，国内电梯轿厢内的通风主要有以下问题：（1）通风口位置设计不科学，有的地方风大，有的地方无风，造成了温差不均；（2）轿厢内的湿、热无法排出去，轿内温湿度较高；（3）电梯上下动态运行时，对自然排风口产生了影响，当排风口处于涡流区时，排风量减少，产生不了排风作用；（4）自然排风的空气交换量达不到实际需求。为了实现乘客乘坐舒适、减少疾病传染的目的，电梯通风必须有新风进入，同轿厢内的空气进行交换，整个轿厢形成流通的通道，避免风流不到的死点。这就要求电梯井道必须进行通风换气，如果通风条件不好，将非常危险，疾病会通过井道传播，传染给每一层的居民。目前井道主要采用自然通风、机械通风、自然与机械相结合的通风方式。井道的通风一般与机房相连，机房的通风效果对井道甚至轿厢的通风都会产生很大的影响。多数机房在设计过程中没有考虑到通风，或者因为客观原因使机房不通风，一方面造成了机房温度过高，电梯设备故障率增加；另一方面对疾病起不了预防作用，井道内通风效果差。目前电梯井道的通风换气如果采用机械通风，就需在电梯底坑安装风机设备，这既占用了空间，又因为底坑进水而发生故障，还容易在运行时产生噪声。现在基本上还是依靠电梯井道内的热气流形成自然通风。自然通风受环境影响较大，在寒冷的冬季，井道内的温度高于室外温度，会发生风的倒灌，影响了通排风。

而在炎热的夏季，通风效果又得到了加强。故要求在电梯机房加强通风换气措施，确保电梯井道的通风顺畅。

如何防止电梯轿厢成为病毒传播的高危场所，是我们在抗疫阻击战中义不容辞且刻不容缓的社会责任。在新冠肺炎时期，对于中央空调系统实施空气调节的电梯井道，空气净化问题应由空调系统全盘考虑。对于不方便实施机械通风的电梯井道，在井道内安装紫外线消毒灯或在轿厢顶安装紫外线消毒灯也是一种十分可行的选项。

第5章　信息与智能化专业

5.1　疫情下暴露问题的反思

新型冠状病毒肺炎疫情至今仍在全球持续蔓延，对全球公共卫生、经济、政治、社会和生活方式等方面均造成了极大的影响，抗击疫情可能发展为一场持久战，促使全球各行各业发挥各自优势和特点为抗击疫情做出贡献。

因疫情爆发突然，在疫情初期，不可避免地出现了测温、通行控制等设备出现缺口，高铁站、地铁站、写字楼等人员密集区域人员筛查效率低下，居民小区人员管控需靠大量人力投入等情况。疫情前，智能化技术应用尚未充分考虑疫情防控的需求，无法实时响应疫情防控的需求，无法为疫情防控提供强有力的技术支撑。在各种新技术高速发展的今天，智能化系统的设计及应用需充分考虑疫情防控等突发事件的要求。

5.2　后疫情时代设计转变建议

随着互联网、现代通信、计算机网络、自动化等技术的不断创新与完善，人工智能、云计算、物联网等新技术的快速发展与应用，信息与智能化专业在建筑行业发挥着越来越重要的作用，使建筑在安全、舒适、节能、便捷、环保等方面得到了全面的提升，使建筑的运营管理方能更高效、更全面、更智能地对建筑进行管理。

疫情期间，针对本次疫情的特点，利用人脸识别等各种非接触管理结合远距离测温技术的智慧通行方案迅速并广泛地部署和应用于写字楼、商场、学校、地铁等，可快速对大流量人群进行体温异常筛查，达到高效、安全通行、人员有效管控等疫情防控要求，对各行各业的复工、复产、复学提供了有力的帮助。随着人们对疫情认识的不断深入，智能化行业多种智能化新技术已经应用或适用于各类建筑，并可预见未来将会有更多的建筑智能化新技术、新产品和新理念，有效预防及阻断疫情扩散的部分渠道，提高建筑的健康、安全，使建筑具备更智慧、更灵活地应对疫情等各种突发情况的能力。

一、视频分析技术

视频实时智能分析指利用数字图像处理、模式识别等相关技术对视频内容进行实时分析，自动检测感兴趣的目标或时间，以文本、图片或视频等方式输出分析结果。

利用视频分析技术可实现视频预警、视频追踪、人脸动态布控、人员轨迹呈现、人脸静态检索、人数统计业务等功能。

1. 视频预警

疫情防控期间，根据防控工作的需要，全国各地根据当地实际情况均出台了对住宅小区、村庄、单位、学校等实施封闭式管理的要求。很多封闭管理单元往往面积较大，即使采取周界设置围蔽设施、减少出入口数量、增加工作人员数量等措施，仅靠工作人员人工管控的方式，仍然较难确保对封闭管理区域实现 24 小时全面的监控。

通过智能视频检测手段对住宅小区、村庄、单位、学校等封闭管理单元重点单位、要害部位可疑事件和异常行为进行 24 小时监测预警，并根据不同场所的特点分别设置适用的视频预警规则，对重点区域进行有效预警，及时提醒相关工作人员注意并采取针对性措施，可达到大幅提高封闭式管理的效率、减少管理盲区、减少工作人员的数量、降低工作人员的工作强度等效果，适用于封闭式管理的智能分析预警规则主要有：

（1）越界报警

视频监控系统在封闭管理单元的围墙、栏杆、警戒线等周界设置虚拟的视频监测边界，当出现人员或物体翻越围墙、栏杆、穿越警戒线等侵入周界

的行为时，系统自动报警，启动相关的事件处理流程，并将报警信息实时、准确地通知相关工作人员进行处理，有效减少封闭管理单元的管理盲区。

（2）逆行报警

视频监控系统对住宅小区等因出现疫情案例而隔离的楼栋或单元设置逆行报警，除工作人员、医务人员进出时间段外，系统发现不按规定方向运动（如从隔离楼栋或单元离开）的人员自动报警，在人工管控的基础上增加技术管控措施，进一步确保管控的严密性。

（3）人群聚集检测

视频监控系统对住宅小区、村庄、学校内的球场、广场等休闲场所和日常人员密集场所设置人群聚集检测，发现有人员密度过高、人群聚集等违反疫情防控要求的情况时自动报警，最大限度地降低群体性感染的风险。

2. 视频追踪

疫情期间，部分地区曾出现疑似新冠肺炎病患逃离医院，接触大量人员，导致多名密切接触人员被隔离观察的案例，对疫情防控工作带来了极大的危害。

发生类似情况最有效的解决方法就是快速找到疑似新冠肺炎病患并迅速进行隔离，发现得越早越有利于减少与疑似病患接触人员的数量。视频追踪功能能很好地实现这一目标，视频监控系统可根据疑似病患、车辆在监控点周边视频点出现的移动轨迹，动态地切换移动方向上的摄像机进行接力跟踪监控，实现对目标的实时跟踪，帮助相关人员快速找到疑似病患。

3. 人脸动态布控

动态人脸分析布控系统是一种针对动态运动的人流进行人脸抓拍和识别的监控管理系统，应用视频监控技术、人脸识别技术，能对多路摄像机中的人脸进行实时检测、跟踪、比对。

医院、住宅小区等建立新冠肺炎病患、新冠肺炎疑似病患、密切接触者等需管控人员的人脸库，将相关人员的照片导入人脸库，主要出入口等处设置的视频监控摄像机捕获的人脸图像自动与人脸库中人员图像进行实时比对，当相似度达到阈值时触发报警提醒，进一步确保需纳入管控的人员处于应在的区域。

4. 人员轨迹呈现

新冠肺炎病患确诊后，如何第一时间快速地找到与其接触者并及时进行隔离是防止疫情进一步扩散的重要工作，多数情况下，患者家人、同事、朋友等熟人是较易判断和确定的，但确定患者与陌生人接触情况的工作量和难度均非常大，若仅靠人工筛查，通常需耗费较长的时间。

人员轨迹呈现技术能很好地解决这一难题，通过导入目标人员的照片，设置检索时间段和相似度值，视频监控系统根据时间段以及相似度阈值在数据库中检索该名目标人员的历史抓拍记录，结合摄像机的经纬度信息，按照时间顺序在地图上绘制出该目标人员的行走轨迹，通过轨迹可以获取该名人员的活动范围、落脚点、时间等有用线索，从而快速地筛选接触者。

5. 人脸静态检索

街道、住宅小区等可通过人脸静态检索技术快速查询疑似病患或密切接触者是否为本区域人员，以便采取进一步措施控制疫情的扩散等。包括 1 ：N 检索比对人口库信息，即输入一张人脸图片在指定静态人脸数据库中检索，N：N 检索业务，即两人脸库之间碰撞检索。

6. 人数统计技术

写字楼等人员流动较大的场所可通过人数统计技术对每天进出大楼的人数进行统计，及时调整物业管理人员数量，统计记录人员出入的数据，以便及时调整、制定相关的疫情防控措施，保障场所的人员安全。

可以根据场所特点，任意选择合适的摄像机实现人数统计功能，统计结果记录在数据库。人数统计数据查询，支持按地点、时间统计查询。统计结果包含进入和离开两个数据，支持如柱状图或折线图等各种图表显示统计结果，支持列表形式显示详细统计数据，方便管理者快速制定疫情防控措施。

二、智能测温通行系统

随着新冠肺炎疫情得到有效的控制，各地正逐步推动复工复产复学，恢复生产生活秩序。而人员的流动性给疫情防控带来了新的挑战，钟南山院士指出，早发现、早诊断，还有治疗和隔离，这是最有效的、最原始的防控办法。发热仍是新型冠状病毒感染的典型症状，因此测温也成了全民普及的疫情防控手段。

1. 传统测温方式的不足

（1）存在交叉感染的风险。目前普遍采用人工近距离测温的方式，在火

车站、客车站、地铁站、商场、写字楼等人员流动性、流量大的场所，近距离的接触将增加人员交叉感染的风险，存在引发疫情进一步扩散的可能性。

（2）排查效率低。采用人工逐个测温的方式，单次测温并完成信息登记等工作，最少需要10秒以上，费时费力，效率低下。

（3）管控难度大。在火车站、客车站、地铁站、商场、写字楼等人员流动性强、流量大的场所，人工逐个测温很难满足通行效率的要求。

（4）病患定位难。根据疫情防控需求，公共区域市民均会佩戴口罩，但如出现疑似患者，也会带来病患难以识别、难以定位的问题。

2. 智能测温通行系统概述

智能测温系统通行由双光测温摄像机、黑体、人脸识别设备、智能测温模块、人脸识别测温服务器、监测显示屏、智能测温通行软件等组成，结合人工智能、红外测温和黑体测温技术，充分考虑疫情期间的各种实际情况，采用针对性的人脸识别算法模型，可以在戴口罩的情况下保证识别效果。提供非接触式、快速、高效、准确的测温解决方案，同时解决人员身份识别的问题，满足不同场所应用需求，极大地支撑疫情防控工作。

3. 智能测温通行系统功能

（1）体温检测告警

人员通过通道时，需要通过测温及人脸识别设备测温和刷脸核验，测量数据会实时在人脸识别设备或显示器上显示，超过设置的体温阈值，系统会自动弹屏预警，并且会发出警示声音，以督促现场人员进行进一步确认。

（2）测温功能开关配置

设备默认开启测温报警功能，同时在后台进行阈值的设置，从而在非测温状态下依然可以使用设备进行通行管理，方便设备重复利用。

设备可以绑定到快速通道闸或者门禁系统，后台阈值设定后，疑似体温异常的人员会被拒绝开门入内，确保楼内的安全，同时会在后端弹屏预警，提醒人员进一步核查。

（3）测温记录统计分析

所有的测温记录都会实时回传给服务器，在后台不仅可以查看单条识别记录，还可以通过报表展示当日测温情况，方便管理者对管辖区域进行信息总览和浏览单条识别记录，做到高效掌控全局和细节跟踪管控。

（4）人员身份识别

采用针对性的人脸识别算法模型，可以在戴口罩的情况下快速、准确地通过人脸识别技术对人员身份进行识别。

4. 智能测温通行系统的应用

智能测温通行系统可根据不同场所的特点进行灵活配置，满足不同的防控需求，包括：

（1）较低风险封闭区域：写字楼、工业生产园区、住宅小区等需要对人员出入进行严格管控的场所，可采用面板精准测温产品，在面部遮挡情况下实现精准测温和权限识别高效通行管控的功能，避免造成人流积压，减少交叉传染的可能性。

（2）高风险封闭区域：医院隔离区域、隔离社区等场所，需要定期测试体温，并进行人员出入强管控。可采用定时主动体温检测的方式，具备面部遮挡模型下精准测温和权限管理能力，温度数据定位到人，定时上报。

（3）半开放区域：各类园区、社区、学校、物业写字楼、电梯间等场所，需要在出入口对内部人员进行快速测温，并对外部人员进行有效管理。可采用面板机 + 快速通道闸、门禁、电梯实现进出严格管控的方式，对测温异常实时预警；具备面部遮挡模型精准测温和权限管理能力，可实现对未经注册的外来人员实时预警；具备刷脸派梯、刷脸门禁功能，避免接触带来的传播。

（4）全开放区域：地铁、广场、车站、商场、学校活动区域等场所，需要大人流量情况下的精准测温，可采用具备远距离、高密度人群精准测温能力的方案，迅速实现初筛，便于防控人员二次核验。

三、人脸识别技术

根据国家卫健委发布的《新型冠状病毒感染的肺炎诊疗方案（试行第四版）》，新冠肺炎传播途径依然是经呼吸道飞沫传播为主，亦可通过接触传播。触摸被污染的物体表面，然后用脏手触碰嘴巴、鼻子或眼睛而传播是新冠肺炎的传播途径之一，因此尽量减少接触是疫情防控的有效手段。

人脸识别是一种非接触式的生物识别技术，基于人的脸部特征，经人脸

图像采集及检测、人脸图像预处理、人脸图像特征提取、人脸匹配与识别，对人员进行身份确认或者身份查找，用户不需要和设备直接接触即可完成身份识别及认证。疫情期间，人们通常会佩戴口罩，采用针对性的人脸识别算法模型，可以在戴口罩的情况下快速、准确地通过人脸识别技术对人员身份进行识别。因此，人脸识别是可行的，并且非常适用于当前的疫情环境。

1. 人脸识别门禁、考勤、会议签到、访客预约管理等

现有门禁系统通常采用刷卡、密码、出门按键等方式，考勤通常采用指纹方式，会议采用签名签到，访客预约采用访客自主登记机、前台登记等方式，均存在接触卡片、设备等情况，并且门禁读卡器、门禁开门按钮、考勤机等均为公共高频使用设备，在一定程度上增加了交叉感染的风险。采用非接触的人脸识别技术可切换以上活动的感染途径，减少疫情传播的风险。同时无感身份认证、通行、考勤、签到等也提升了用户的使用体验。

2. 人脸动态布控、人员轨迹呈现、人脸静态检索

详见本章前文。

3. 独居老人等特殊群体的监护

在街道办、居委会、住宅小区等建立独居老人、伤残人士、留守儿童等特殊群体的信息库，通过人脸识别技术达到精细化、动态化的民生服务，在住宅小区的可视对讲、视频监控、出入口控制等系统综合运用人脸识别技术，实现特殊群体的智能监护，特别是在疫情期间，独居老人等特殊群体如有多天未出现等异常情况，系统将自动预警并通知物管等相关人员处理。

四、智慧窗户系统

根据国务院应对新型冠状病毒肺炎疫情联防联控机制综合组于2020年2月12日发布的《新冠肺炎流行期间办公场所和公共场所空调通风系统运行管理指南》第三条第（三）点规定“人员密集的场所应当通过开门或开窗的方式增加通风量，同时工作人员应当佩戴口罩”，疫情期间开窗加强空气流通，使室外新鲜空气流入室内，保证室内空气的清新，对于疫情的防控具有重要的意义。

对于住宅、公寓居住建筑，开窗通风是符合人们生活习惯的，但对于写

字楼、学校、医院、图书馆、文化馆等公共建筑，由于空调系统、管理方式、人们使用习惯等与居住类建筑的差异，室内窗户可能长期处于关闭状态，并且门窗的开启、关闭常由物业管理公司负责，使用者通常不会主动开启窗户。公共建筑按疫情防控要求需开窗保持空气流通，在空调启用的情况下，如长时间开启则会造成很大的能源浪费，每天多次定时开窗透气是更为合理可行的方式，但物业管理公司需要耗费大量人力，而且对于大型公共建筑，由于面积太大，基本无法靠人工的方式实现每天多次定时开窗。

智慧窗户系统可提供窗户的智能集中管理及控制，具备窗户的状态监测、开启、关闭控制、室内外空气质量检测等功能，能很好地解决疫情期间每天多次定时开窗透气的需求，满足疫情期间、平时等各种场景下的使用要求。

1. 智慧窗户系统概述

智慧窗户系统由远程遥控开关窗、室内外环境传感器、智能触控屏、智慧窗户控制系统、APP 等组成，能实时进行窗户状态集中监测、远程一键式集中控制窗户、定时开关窗户、与空调系统联动控制窗户、自动根据空气质量智能控制窗户等功能。

2. 智慧窗户系统功能

智能窗户系统适用于写字楼、学校、医院、图书馆、文化馆等各种业态的建筑，可根据使用场所和管理要求灵活配置，满足不同的防控需求，包括：

（1）窗户定时自动开关。根据疫情防控要求及大楼特点，对所有窗户进行定时的自动开关控制，包括窗户每天开启的次数、开启的时间表、每次开启的时长等，确保室内空气清新。

（2）室内外环境监测。对温度、湿度、烟雾、粉尘、风雨等环境因素进行监测，并将相关数据信息实时传输系统，为智能管理门窗提供强有力的数据支撑，系统根据室内外环境数据智能调整窗户控制策略。

（3）定值管理。根据管理人员设置的时间值和环境条件值，达到条件值可以批量 / 单个窗户进行管理，也可以对开窗度实行百分比管理。

① 时间阀值。根据系统设置的时间表，自动定时开窗 / 关窗。

② 环境阀值。当室内外温度、湿度、空气质量、风速量等上下数值超过或低于一定范围值，窗户自动执行开窗 / 关窗功能。

（4）智能联动。智能窗户系统可与大楼的空调系统联动，在保证空气质量和室内温湿度的基础上实现智能窗户与空调设备的联动控制，如夏季制冷情况下，当智慧窗户系统开启通风前，联动空调控制系统提前采取加大制冷量等措施。

五、智慧建筑综合管理平台

评价智慧建筑的一个重要指标之一是智能化系统能否达到管理增值的目的，帮助建筑管理者提升管理水平、能力，提高管理效率，从容应对各种常规及突发事件。

经过本次疫情，通过管理平台实现疫情应急状态的特定管理模式是当务之急，因此，就要求我们建设一种能迅速响应各种内外部突发事件的智慧建筑综合管理平台，对各专业系统进行整体融合，在相关应用场景进行基于场景的跨系统调用和融合。

因此，必须在架构上以微服务的方式保证足够的灵活性和可扩展可调整能力，平台架构应采用层次化设计，构建以统一呈现平台、统一资源平台、统一采集平台、统一权限控制、统一流程、统一告警、统一接口平台为核心的技术框架，可支撑各类精准化决策和服务应用的接入 。

平台还需建立统一用户管理系统。系统统一存储所有子系统的用户信息，子系统对用户的相关操作通过统一用户管理系统完成，而授权等操作则由各子系统完成，即统一存储、分布授权。统一用户管理系统需具备以下基本功能：

（1）用户信息规范命名、统一存储，用户 ID 全局唯一。用户 ID 犹如身份证，区分和标识了不同的个体。

（2）统一用户管理系统向各子系统提供用户属性列表，如姓名、电话、地址、邮件、人脸信息、所持卡信息等属性，各子系统可以选择本系统所需要的部分或全部属性。

（3）各子系统对客户基本信息的增加、修改、删除和查询等请求由统一用户管理系统处理。

（4）各子系统保留用户管理功能，如用户分组、用户授权等功能。

统一用户管理系统应具有完善的日志功能，详细记录各子系统对统一用户管理系统的操作。

- 平台还需实现如下管控功能

（1）建筑设备监控系统控制策略的迅速切换

建筑设备监控系统对空调通风系统的控制由平时的舒适、节能模式，切换为疫情状态下防止疫情扩散，防止交叉感染为主，有选择地兼顾舒适、节能的模式。

空调通风系统的控制应在满足国务院应对新型冠状病毒肺炎疫情联防联控机制综合组于2020年2月12日发布的《新冠肺炎流行期间办公场所和公共场所空调通风系统运行管理指南》的同时，符合如下要求：

① 空调通风系统为：风机盘管＋新风系统

a. 空调工况下，强制开启新风机组运行，新风风阀保持全开状态，为空调区域提供足够的室外清洁新风。

b. 非空调工况下，取消新风机组与风机盘管的连锁运行策略，下班后新风机组持续工作不小于1小时，同时开启楼层排风机，使室内全面换气。

② 空调通风系统为：全空气系统

a. 应关闭回风阀，强制空调机组全新风模式运行，空调使用前，所有VAV设置于最大风量，强制空调区域全面换气。

b. 适当调低（制热）或调高（制冷）房间设定温度，降低室内舒适度，尽量减少热损失。

c. 空调工况结束后，空调机组强制全新风模式运行，所有VAV设置于最大风量，强制空调区域全面换气。

③ 送排风系统

a. 取消地下停车场排风机与一氧化碳传感器的连锁运行策略，强制开启送排风机组，实现全面换气运行。

b. 取消排风机组时间表策略，实现卫生间、电梯厅等区域的全面换气。

（2）视频安防监控系统运行策略的迅速切换

视频安防监控系统由平时的安全防范模式，切换为疫情下疫情防控与安全防范并重的模式，具体实施方式包括视频预警、视频追踪、人脸动态布控、

人员轨迹呈现、人脸静态检索、人数统计技术等。

（3）信息导引及发布系统运行策略的迅速切换

信息导引及发布系统由平时的便民通知、物管信息、广告等内容为主的模式，切换为疫情防控宣传为主，兼顾其他功能的模式。

（4）出入口控制、访客管理等系统运行策略的迅速切换

出入口控制、访客管理等系统迅速由灵活、便捷，支持多种身份认证方式、多种登记方式的模式，切换为以疫情防控为准则，取消接触式身份认证，采用人脸识别认证，取消访客人工登记、访客自助办理机登记，采用访客网络自助登记的疫情防控模式。

（5）智慧窗户系统运行策略的迅速切换

智慧窗户系统实现窗户定时自动开关、室内外环境监测、定值管理、智能联动等。

（6）建筑管理增加疫情运行管理模式

针对疫情，结合物业管理需求，在智慧建筑综合管理平台上增加疫情运行管理模式，除完成上述各系统设备在疫情状态下的特殊运行控制外，对物业等管理团队开启疫情运行模式，整体指挥管理团队进入疫情应急工作状态，提高管理水平、安全和效率。

以上所述仅为智慧建筑综合管理平台的部分功能，平台应将各智能化子系统进行有机整合，具备根据不同阶段疫情防控要求、实际管理需求、项目特点等对各智能化子系统灵活制定不同管理策略并能迅速实现、迅速切换的能力。

- 平台具备的移动端功能包括

（1）安保管理功能

可实现工单处理信息、发布公告、检查楼宇设备情况、视频查看、告警确认、参数配置、设备控制操作、对建筑智能设备的维护处理，以及与之相关的日常工作维护处理等工作。

（2）机电设备管理功能

可实现管辖区内视频查看、工单处理信息、会议室设备控制、建筑能耗查看、机电设备报警处理，以及与之相关的日常工作维护处理等工作。

（3）IT 管理功能

可实现建筑内的 IT 设备监控情况、工单处理信息、IT 设备报警处理，以及与之相关的日常工作维护处理等工作。

（4）系统维护功能

① 实现对建筑各个部位的数据进行探测和诊断，及时发现异常状态，采用多种呈现方式进行提醒（告警流水、消息推送），并能触发维护动作进行告警的处理（派发工单、自动处理等）。

② 实现楼宇自动化控制，能耗分析，能耗采集等功能。

③ 实现对发布信息、内容、发布区域的统一管理，并实现对发布信息的快速变更、时间调度。

④ 实现处理工单信息、发布公告、检查楼宇设备情况，做智能设备的简单维护处理。

⑤ 实现智能楼宇其他一些基本功能：网络监控、工程派单、资源初始化、报表数据、保养维护、巡更巡检等功能。

5.3 总结与未来展望

互联网、现代通信、计算机网络、自动化等技术的不断创新与完善，人工智能、云计算、物联网等新技术的快速发展与应用，为信息与智能化专业在建筑行业发挥着越来越重要的作用提供了有力支撑，本次疫情也促使智能化技术的应用需考虑平时及疫情防控等应急情况下的需求，既满足快速部署、实时响应的要求，又满足最小限度的新增智能化设备和投入，使建筑的运营管理方能更从容应对各种突发情况，更高效、更全面、更智能地对建筑进行管理，为建筑使用者提供更安全、更舒适、更节能的建筑环境。

结 语

新冠肺炎疫情的全球蔓延不但危害了数以万计的生命安全，极大地挑战了全球突发公共医疗水平与各国城市应急管理能力，还迫使世人意识到必须不断提升科研能力与城市韧性以应对病毒与人类社会长期共存。新冠肺炎的危机暴露并凸显了中国现有建筑规划发展模式的问题，如高度依赖土地政策的密集型大城市发展模式，不加节制建设的高密度高层居住、办公建筑，公共医疗建筑设计与布局不够完善，水电空调管网设计存在病毒传播的隐患。正视这些不利于人民健康生活的城市发展问题，敏锐地察觉后疫情时代的新需求，努力完善城市建设与管理，是新冠疫情带给人类社会的启示与机会。

在后疫情时代，必须进一步意识到城市规划与建筑设计不能孤立于城市管理体系之外，而是繁复的社会学科中的一环。城市建设需要具有前瞻性与系统性的政府统筹，借助大数据时代的智能化管理，协同社会各界，跨领域科学合作。在城市与乡村规划设计上充分考虑医疗服务建筑的分布，预留足够的公共空间，合理铺设城市水电管网，便于日后运用智能化系统管理城市与乡村，以应对突发公共事件，可在平时使用状态与紧急战时状态之间自由切换。建筑设计上遵循以绿色健康生活为本的理念，控制高密度社区，优化建筑设计平面，进一步强调卫生空间与自然通风换气的重要性，通过大数据智能化的管理促进国民健康生活素质的提高。

本指南站在建筑规划设计行业的角度，在短时间内总结出我国城市建筑规划在疫情爆发后凸显的问题，并提出后疫情时代建筑规划设计各行业解决问题的方案与对未来美好城市生活的寄望。希望本指南可起到抛砖引玉的作用，吸引社会各界共同讨论与各抒己见，在实践中不断完善城市建设与设计规范，让城市在后疫情时代有更好的韧性面对未来的突发公共事件，尊重科学并带有人文关怀的设计能为城市带来更健康的可持续发展。

由于编写时间仓促，书中难免有疏漏之处，敬请谅解。

参考文献

[1] 雷诚，丁邹洲，徐家明 . 直面新型冠状病毒肺炎疫情的城市规划反思 [J]. 规划师，2020，36（05）：39-41.

[2] 李晓江 . 没有疫情也应该深刻反思的问题——居住用地开发与高层住宅 [EB/OL]. https://www. sohu. com/a/377890465_782045，2020-03-05.

[3] 焦思颖 . 疫情之下的规划启示录 [EB/OL]. http://www. mnr. gov. cn/dt/ywbb/202003/t20200311_2501161. html，2020-03-11.

[4] 阎炎 . 疫情为镜，空间规划体系建设如何作为？ [EB/OL]. http://www. iziran. net/difanglianbo/20200213_122182. shtml，2020-02-13.

[5] 杨保军 . 突发公共卫生事件引发的规划思考 [J]. 城市规划，2020，44（02）：116.

[6] 吴志强 . 疫情冲击下的城市空间治理考验 . [EB/OL]. http://www. ljzfin. com/news/info/54472. html，2020-04-19.

[7] 黄伟 . 疫情期间看城市交通：逻辑、对策和新趋势 . [EB/OL]. https://www. thepaper. cn/newsDetail_forward_6604951，2020-03-20.

[8] 孙强 . 新冠肺炎疫情下对居住区建筑风环境模拟的思考 . [EB/OL]. http://www. chinaasc. org/news/127156. html，2020-03-12.

[9] 于一凡 . 从传统居住区规划到社区生活圈规划 [J]. 城市规划，2019，05：17-21.

[10] 王兰，李潇天，杨晓明 . 健康融入 15 分钟社区生活圈：突发公共卫生事件下的社区应对 [J]. 规划师，2020，36（06）：102-106+120.

[11] 邹亮 . 新冠肺炎疫情下对城市规划的思考 [EB/OL]. http://www. mohurd. gov. cn/ztbd/fkyq/202004/t20200407_244826. html，2020-04-06.

[12] 董晓莉 . 建筑和住区中疫病传播途径及其控制初探（Study on the Precaution and Control

of Epidemic Diseases Spreading In Buildings and Residential Areas）.

[13] T/ASC 02—2016 健康评价标准 .

[14] GB/T 50378—2019 绿色建筑评价标准 .

[15] 健康住宅建筑设技术要点 [M]. 中国建筑工业出版社，2004.

[16] T/CECS 462—2017 健康住宅评价标准 .

[17] “战役思考”提升健康安全措施设计（金地地产）. 郭晶，徐钊 . 新冠肺炎疫情背景下的医疗建筑设计策略 [J]. 山西建筑，2020，46（7）: 11-13.

[18] 王清勤，孟冲，李国柱 .《健康建筑评价标准》T/ASC 02—2016 编制介绍 .

[19] CTBUH 高层建筑与都市人居 . 认证 | 全球最高分离式核心筒建筑：深圳汉京中心 . 2019-09-16.

[20] 殷帅，曹勇，崔治国，刘益民，毛晓峰，李明洋 . 办公建筑应对突发疫情防控运行管理技术指南 [J]. 建设科技，总第 407 期 .

[21] 宋立民 . 疫情下的设计反思 [J]. 设计·百家谈，2020，04.

[22] 王世福，魏成，袁媛，单卓然，向科，黄建中，张天尧 . 疫情背景下的人居环境规划与设计 [J]. 南方建筑，2020，03.

[23] 杜扬 . 浅析公共服务类建筑在抗疫期间的功能再造与火速建设 [J]. 长治学院学报，2020 年 6 月第 37 卷第 3 期 .

[24] 王耀 . 高层建筑被动式生态化设计策略浅析 [J]. 城市建筑，2020，17（347）: 42-46.

[25] 王梓，尹宝泉 . 绿色超高层建筑被动式设计策略 [J]. 城市住宅，2016，23（11）: 16-20.

[26] 宋晔皓，王嘉亮，朱宁 . 中国本土绿色建筑被动式设计策略思考 [J]. 建筑学报，2013，07.

[27] 韩杰，自然通风环境热舒适模型及其在长江流域的应用研究 [D]. 湖南大学，2009.

[28] 张小玲 . 我国被动式房屋的发展现状 [J]. 建设科技，2015，15.

[29] 王清勤，孟冲，李国柱 .《健康建筑评价标准》T/ASC 02—2016 编制介绍 .

[30] CTBUH 高层建筑与都市人居 . 认证 | 全球最高分离式核心筒建筑：深圳汉京中心 . 2019-09-16.

[31] 殷帅，曹勇，崔治国，刘益民，毛晓峰，李明洋 . 办公建筑应对突发疫情防控运行管理技术指南 [J]. 建设科技，总第 407 期 .

[32] 宋立民 . 疫情下的设计反思 [J]. 设计·百家谈，2020，04.

[33] 王世福，魏成，袁媛，单卓然，向科，黄建中，张天尧 . 疫情背景下的人居环境规划与设计 [J]. 南方建筑，2020，03.

[34] 浅析公共服务类建筑在抗疫期间的功能再造与火速建设 [J]. 长治学院学报，2020 年 6 月第 37 卷第 3 期 .

[35] 王耀 . 高层建筑被动式生态化设计策略浅析 [J]. 城市建筑，2020，17（347）：42-46.

[36] 王梓，尹宝泉 . 绿色超高层建筑被动式设计策略 [J]. 城市住宅，2016，23（11）：16-20.

[37] 宋晔皓，王嘉亮，朱宁 . 中国本土绿色建筑被动式设计策略思考 [J]. 建筑学报，2013，7.

[38] 韩杰，自然通风环境热舒适模型及其在长江流域的应用研究 [D]. 湖南大学，2009.

[39] 张小玲 . 我国被动式房屋的发展现状 [J]. 建设科技，2015，15.

[40] 群之英 . 防范新型冠状病毒肺炎疫情工作应重视排水系统安全性检查 .

[41] 赵锂，沈晨 . 量化分析疫情下热水系统水质如何保障 .

[42] T/ASC 03—2020 办公建筑应对“新型冠状病毒”运行管理应急措施指南 .

[43] 曾亮军，王学磊 . 传染病医院通风空调系统的设计特点 [J]. 洁净与空调技术，2019，01：83-90.

[44] 胡伟航 . 新冠肺炎疫情下的医院建筑平疫结合设计思考 [J]. 规划与设计，2020，05：73-74.

[45] 李江川，姚兵，王肖伟，庞波 . 新型冠状病毒疫情下多维 MDT 模式传染病医院改扩建设计方案中的应用 [J]. 工程管理，2020，04：84-86.

[46] 李常河，李永安，张晓峰，张洪宁 . 济南市医院空调的现状及预防 SARS 的对策 [J]. 山东制冷空调，22-24.

[47] 李安静 . 医院呼吸科病房通风空调系统设计分析 [J]. 建筑技术开发，2018，45（17）：34-35.

[48] 王清勤，范东叶等 . 住宅通风的现状、标准、技术和问题思考 [J]. 建筑科学，2018，34（2）：89-92.

[49] 丘琳，冯正功 . 新冠疫情中建筑师的思考和实践 [J]. 江苏建筑，2020，204（2）：1-3.

[50] 邵士洪 . 医改后的传染病专科医院现状原因分析及对策探讨 [J]. 经济师，2019，01：26-227.

[51] 吕中一，陶邯，张银安 . 负压隔离病房通风空调系统设计与思考 .

[52] 曹伟，吉英雷，侯彦普 . 城市公共体育馆的应急性防疫救治临时改造设计的相关思考 .

[53] 龙灏，薛珂 . 健康城市背景下大空间公共建筑的建筑设计防疫预案探讨——以大型体育馆建筑为例 .

[54] 中国：中华人民共和国国家质量监督检验检疫总局，中国国家标准化管理委员会 . GB/T 30147—2013 安防监控视频实时智能分析设备技术要求 [S]. 2013.

[55] GB/TS 0939—2013 急救中心建筑设计规范 .

[56] 联防联控机制 . 关于依法科学精准做好新冠肺炎疫情防控工作的通知——中小学校新冠肺炎防控技术方案 [Z]. 2020-02-24.

[57] 长治市教育局 . 学校设置隔离室基本要求 . 2020-01-30.

[58] 艾华 .“无接触”科技防疫显身手 [J]. 现代班组，2020，04.